DEU ZEBRA!

DESCOBRINDO A SUPERDOTAÇÃO

Catalogação na Fonte
Elaborado por: Josefina A. S. Guedes
Bibliotecária CRB 9/870

P951d
2023

Prignon, Sophie
Deu zebra! : descobrindo a superdotação / Sophie Prignon, Thais Mesquita. - 1. ed. - Curitiba : Appris, 2023.
191 p. ; 23 cm.

Inclui referências.
ISBN 978-65-250-4454-5

1. Superdotados. 2. Habilidades. Neurobiologia. I. Mesquita, Thais. II. Título.

CDD - 153.98

Livro de acordo com a normalização técnica da ABNT

Appris editora

Editora e Livraria Appris Ltda.
Av. Manoel Ribas, 2265 - Mercês
Curitiba/PR - CEP: 80810-002
Tel. (41) 3156 - 4731
www.editoraappris.com.br

Printed in Brazil
Impresso no Brasil

Sophie Prignon
Thais Mesquita

DEU ZEBRA!

DESCOBRINDO A SUPERDOTAÇÃO

FICHA TÉCNICA

EDITORIAL	Augusto V. de A. Coelho Sara C. de Andrade Coelho
COMITÊ EDITORIAL	Marli Caetano Andréa Barbosa Gouveia - UFPR Edmeire C. Pereira - UFPR Iraneide da Silva - UFC Jacques de Lima Ferreira - UP
SUPERVISOR DA PRODUÇÃO	Renata Cristina Lopes Miccelli
PRODUÇÃO EDITORIAL	Nicolas da Silva Alves
REVISÃO	Marcia Cristina Cordeiro Isabela do Vale Poncio
DIAGRAMAÇÃO	Andrezza Libel
CAPA	Binho Miranda Sheila Alves
PREPARAÇÃO DE TEXTO	Renata Valério de Mesquita
REVISÃO DE PROVA	Bianca Silva Semeguini

CARTA AOS LEITORES

Querida leitora,

Querido leitor,

As pessoas superdotadas representam muitos milhões de brasileiras e brasileiros e a grande maioria deles vive um sentimento de desajuste constante. Mas como se sentir ajustado quando se é tão diferente na forma de pensar, sentir e agir?

Ser diferente do padrão é difícil. Fica sempre uma sensação de desconcerto, de descompasso na relação com o mundo, que pode chegar a um sentimento de menos-valia, porque a diferença costuma ser vista como um problema que deve ser resolvido.

São pouquíssimas as pessoas que se sabem superdotadas, que foram reconhecidas por um profissional especializado. Mais raras ainda são as que assumem sua identidade abertamente, afinal costuma ser visto como presunção e esnobismo.

Queremos aqui romper com mitos e preconceitos que rotulam de forma equivocada as pessoas de alto potencial, inclusive conferindo somente vantagens às suas diferenças. A crença de que essas pessoas estão "fadadas ao sucesso" é uma grande falácia. Como qualquer ser humano, dependem de apoio, empenho e autoestima para seguirem por um caminho produtivo e mesmo para não desperdiçarem seus potenciais e suas vidas.

Mas como se saber superdotado se hoje, no Brasil e no mundo, pouco se divulga a respeito desse fenômeno? As próximas páginas trarão até você, em linguagem descomplicada, um pouco do grande conhecimento científico que já existe sobre a superdotação, além de depoimentos de superdotadas e superdotados sobre as dores e as delícias de ser quem são, após terem sido "apresentados a si mesmos" tardiamente.

Esperamos que ao entender como essas pessoas "neuroatípicas" funcionam, a sociedade passe a lidar com elas de forma mais positiva e respeitosa. Que deixem de tachá-las como "problemáticas" ou "gênios" e possam vê-las como pessoas que simplesmente funcionam de forma diversa.

Esse processo não depende só da consideração alheia, depende muito e principalmente de respeito próprio. E somente quando aprendemos nossa forma atípica de existir – fisiológica, mental e emocionalmente – e entendemos como funcionamos, podemos nos respeitar, conviver melhor conosco mesmos e com os outros.

Eventualmente, ao ler este livro, você poderá identificar o que apresentamos aqui em um familiar, amigo, colega de trabalho ou conhecido seu, e até em você. Esperamos, com isso, contribuir para um ambiente mais acolhedor e compreensivo com as diferenças e, eventualmente, para que mais pessoas venham a se encontrar. Descobrindo o que é a superdotação, naturalmente, mais superdotados poderão ser identificados.

Antes de encerrar, queremos ressaltar que este livro é fruto da parceria com a jornalista Renata Valério de Mesquita e da generosidade de todas e todos os que dividiram seu vasto conhecimento e suas histórias de vida[1]. Não temos palavras para expressar nossa gratidão.

Nossos nomes estão na capa, mas este é um livro de todas e todos que nele contribuíram e de você, leitora, leitor, que não está apenas abrindo essas páginas, mas se abrindo para conhecer mais sobre a superdotação.

Agradecemos a confiança de todos!

15 de julho de 2022

Thais e Sophie
deuzebrasuperdotacao@gmail.com

[1] Todas as entrevistas utilizadas na produção deste livro foram realizadas de abril a setembro de 2021.

PREFÁCIO

O convite para colaborar com esta obra, primeiro por meio de uma entrevista e depois a prefaciando, trouxe muita alegria, principalmente por ver que a área está crescendo e que mais pessoas estão se interessando pelo tema e trazendo contribuições relevantes, como esta.

Ao mergulhar nas páginas deste livro, o leitor vai se deparar com muito conhecimento de base científica a partir de uma extensa revisão de literatura, depoimentos de pessoas superdotadas e colaborações de pesquisadores importantes no país. Tudo isso segue muito bem costurado pelas palavras hábeis das autoras, que apresentam um panorama completo e atual da superdotação no país.

No Brasil, existem poucas obras que versem sobre a superdotação na vida adulta e este material rico irá contribuir sobremaneira para a compreensão dessa condição nessa parcela da população, com destaque especial para as mulheres, que, geralmente, são menos reconhecidas ao longo da vida em decorrência dos aspectos culturais.

Na introdução é apresentada uma pertinente discussão sobre as terminologias usadas na área, decorrentes de diferentes referenciais teóricos, que são apresentados ao longo do livro, demonstrando a diversidade de possibilidades de compreensão da superdotação.

Nos capítulos seguintes são desconstruídas várias ideias equivocadas sobre o tema trazendo o leitor para mais perto do superdotado real, sensível, intenso e empático, que se distancia bastante do estereótipo propagado no senso comum. Facilidades e fragilidades são descritas com minúcia a partir do entrelaçamento de pesquisas e depoimentos, convidando o leitor a refletir sobre esse universo singular, multidimensional e complexo.

Boa leitura!

Denise Arantes-Brero

Psicóloga

Doutora em Psicologia do Desenvolvimento e Aprendizagem

Presidente do Conselho Brasileiro para Superdotação (2021-2022)

SUMÁRIO

INTRODUÇÃO

DESCOBRINDO A SUPERDOTAÇÃO

Fantasiada por muitos, entendida por poucos e confundida pela maioria, a superdotação segue cercada de mitos e preconceitos. Apesar da crescente pesquisa e produção acadêmica sobre o tema, muito pouco chega ao público em geral, inclusive aos profissionais de saúde e de educação.

Portanto, quem abriu esta obra merece saber, desde já, dois dados elementares sobre este fenômeno: é altamente democrático – não escolhe raça, cor, condição social ou gênero – e não tem nada de muito raro. Estudos modernos demonstram que as pessoas superdotadas podem representar entre 2,3%[2] e 20%[3] da população mundial, ou seja, entre 180 milhões e 1,58 bilhão de pessoas.[4]

NA PONTA DO LÁPIS

O Relatório Marland (1972),[5] documento considerado até hoje uma referência no Brasil e no mundo, apontou uma taxa de prevalência do fenômeno de 3 a 5% entre os alunos norte-americanos. Um dos maiores

---

[2] CLOBERT, Nathalie; GAUVRIT, Nicolas. **Psychologie du haut potentiel**. Bruxelles, BE: Éditions de Boeck Supérieur, 2021. p. 671.

[3] RENZULLI, Joseph S. Myth: The gifted constitutes 3-5% of the population. Dear Mr. and Mrs. Copernicus: We regret to inform you... *In*: REIS, S. M. (org. serie); RENZULLI, Joseph S. (org. vol.). **Essential Reading in Gifted Education**: Identification of students for gifted and talented programs. v. 2. Thousand Oaks, CA: Corwin Press & The National Association for Gifted Children, 2004b. p. 63-70.

[4] Tomando como base os números projetados pelo Worldometer de 7,9 bilhões de habitantes, em agosto de 2021. O Worldometer é administrado por uma equipe internacional de desenvolvedores, pesquisadores e voluntários com o objetivo de tornar as estatísticas mundiais acessíveis para um amplo público ao redor do mundo, com atualização constante.

[5] Relatório apresentado ao Congresso Nacional dos Estados Unidos para chamar a atenção do país para a realidade e as necessidades dos superdotados no âmbito escolar. MARLAND JR., Sidney P. **Education of the gifted and talented**: report to the congress of the United States by the U.S. commissioner of education and background papers submitted to the U.S. office of education. 2 v. Washington, DC: U.S. Government Printing Office, 1972. (Government Documents Y4.L 11/2: G36).
Um pequeno trecho desse documento está disponível online: https://www.valdosta.edu/colleges/education/human-services/document%20/marland-report.pdf. Acesso em: jul./2021.

estudiosos mundiais do assunto na atualidade, Joseph Renzulli, ampliou essa proporção para 15 a 20%, com base em pesquisas e nos avanços conceituais promovidos no entendimento do fenômeno.[6]

A principal diferença se deve a que as estatísticas feitas para o Relatório Marland consideram apenas os casos de "superdotação acadêmica". E quando considerada a "superdotação produtivo-criativa" proposta por Renzulli, que envolve outras formas de expressão, como liderança, criatividade, competências psicomotoras e artísticas, os percentuais tendem a subir significativamente.

Não surpreenderia, portanto, se você conhecesse alguma pessoa superdotada ou fosse uma delas. Afinal, por ser um fenômeno realmente igualitário, considera-se que estimativas globais podem ser aplicadas nacional e localmente. Assim, se considerarmos as projeções de Marland, existem entre 6,4 milhões e 10,6 milhões de brasileiros superdotados,[7] o equivalente à população da cidade do Rio de Janeiro,[8] no mínimo. Isso quer dizer que uma em cada 20 pessoas do seu círculo social poderia ser superdotada. Em uma empresa com 1.000 funcionários, até 50 colaboradores. Em uma escola com 500 alunos, até 25 estudantes.

Mas como saber quem são essas pessoas? A grande maioria dos brasileiros superdotados ainda não foi identificada – termo mais adequado do que "diagnosticada", já que não se trata de uma doença, mas sim de uma condição. E muitos daqueles que foram identificados, em especial quando jovens e adultos, se mantêm "invisíveis" por receio da reação de seus familiares, amigos e colegas de trabalho.

A superdotação é uma forma diferente de funcionamento mental e emocional. É um modo de estar no mundo que envolve questões cognitivas, sim, mas também emocionais, fisiológicas, culturais e práticas da vida cotidiana. Ser diferente do chamado "normal" pode ser confuso, desconfortável e perturbador, mesmo quando se fala em "super" dotação.

---

[6] RENZULLI *apud* REIS; RENZULLI *op. cit.*

[7] Tomando como base os números projetados pelo Instituto Brasileiro de Geografia e Estatística (IBGE), consultado em agosto de 2021, de 213,3 milhões de habitantes no Brasil. Disponível em: https://cidades.ibge.gov.br/brasil/panorama

[8] Tomando como base os números projetados pelo Instituto Brasileiro de Geografia e Estatística (IBGE), consultado em agosto de 2021, de 6,7 milhões de habitantes na cidade do Rio de Janeiro. Disponível em: https://cidades.ibge.gov.br/brasil/rj/rio-de-janeiro/panorama

Embora uma inteligência acima da média soe como uma promessa de solução para todos os problemas, a vida dessas pessoas não é mais fácil do que a de ninguém. Os desafios que enfrentam são diferentes, mas existem, são muitos e são complexos. Para começar, ser diferente nunca foi fórmula para simplificar a vida em sociedade. Além disso, mesmo quem se encontra "fora da curva" tem suas fraquezas e não passa de um ser humano em busca de seu lugar no mundo.

Comumente, com todos os preconceitos que deturpam o fenômeno, quando conhecido, existe muita pressão por resultados descomunais. E pouco apoio é oferecido para que essas pessoas realmente consigam alcançar o máximo de seus talentos.

Em essência, a superdotação é uma aptidão inata, não se escolhe nascer com ela nem se pode adquiri-la somente por esforço próprio, mas depende dos estímulos do ambiente para aflorar.[9] O apoio afetivo, principalmente da família e na escola, também tem se provado crucial para permitir o desenvolvimento dessa carga genética recebida como "dote".

Mas a terminologia que define esse fenômeno nas línguas de raiz latina continua causando estranheza. Ser superdotado parece aludir a superpoderes, a super-heróis, a algo que não existe na vida real. Na busca por uma linguagem mais amigável e menos estigmatizada, este livro apresentará, como sinônimos, diferentes termos utilizados para nomear a pessoa e a condição.

VOCABULÁRIO AVANÇADO

Ao passo que o entendimento da superdotação evoluiu para uma visão mais integral do ser humano – muito além de um resultado de teste de QI –, envolvendo aspectos cognitivos, comportamentais, afetivos e emocionais, novos modelos teóricos foram propostos e trouxeram no pacote linguagens próprias. Você poderá entender melhor tudo isso mais adiante. Por enquanto, o importante é saber que, em função disso, diferentes terminologias se somaram ao vocabulário associado a este fenômeno, nos últimos 100 anos.

Superdotação segue sendo o termo mais utilizado internacionalmente na literatura especializada e em congressos. Entre as associações e entidades especializadas na área, o termo também é o mais escolhido, com exceção do conselho europeu, que privilegia o termo altas habilidades (*European Council of High Ability*).

---

[9] BRASSEUR, Sophie; CUCHE, Catherine. **Le haut potentiel en questions**. Bruxelles: Éditions Mardaga, 2017.

Algumas linhas optam por "altas capacidades", "pessoas mais capazes", "bem-dotados" ou "talentosos", outras preferem "altas habilidades", "pessoas com altas habilidades" ou "alta performance". Existem ainda as opções "pessoas de alto potencial" e "pessoas de alto funcionamento".

Para completar a salada, as traduções costumam ser questionáveis. Enquanto, no inglês, *skills* são habilidades adquiridas, o termo *abilities* é entendido como capacidades ou habilidades naturais. Para alguns estudiosos isso causa confusão quando traduzido. "Em português, habilidade é um comportamento aprendido e treinável. E capacidade não é comportamento, não é aprendido e não é treinado. Capacidade é uma força interior que lhe permite agir. Veja que diferença", pontuou em entrevista para este livro Zenita Guenther, uma das maiores autoridades em superdotação no Brasil.

Inicialmente, o Plano Nacional de Educação publicado em 2001[10] mencionava "altas habilidades, superdotação ou talentos". Em 2005, o Ministério da Educação consolidou a terminologia "altas habilidades/superdotação",[11] que já era usada pelo Conselho Brasileiro para Superdotação (ConBraSD), desde sua fundação, em 2003. Mas, em 2011, uma palavra foi mudada no Decreto nº 7.611 (publicado em 17 de novembro de 2011) e passou-se a tratar de "altas habilidades ou superdotação",[12] o que provocou alteração também na Lei de Diretrizes e Base da Educação Nacional (LDB).[13]

Utilizar a conjunção "ou" no lugar da barra que separava os termos não se resumiu a uma mera questão semântica, gerou a interpretação de que altas habilidades é uma coisa e superdotação, outra. Isso vem impactando o entendimento de profissionais da saúde, da educação e dos pais dos estudantes.

---

[10] Lei nº 10.172, de 9 de janeiro de 2001. Disponível em: http://www.planalto.gov.br/ccivil_03/leis/leis_2001/l10172.htm

[11] Em 2005, a Secretaria de Educação Especial (Seesp) do Ministério da Educação criou os Núcleos de Atividades de Altas Habilidades/Superdotação (NAAH/S) em todos os 27 territórios brasileiros para capacitação de profissionais da educação, atendimento aos estudantes e às suas famílias.

[12] Decreto nº 7.611, de 17 de novembro de 2011, onde se pode ver pela primeira vez o termo com conjunção: "altas habilidades ou superdotação". Disponível em:http://www.planalto.gov.br/ccivil_03/_ato2011-2014/2011/decreto/d7611.htm

[13] Lei nº 13.234, de 29 de dezembro de 2015, que já reflete o impacto da mudança de conjunção na Lei de Diretrizes e Bases (Lei nº 9.394, de 20 de dezembro de 1996). Disponível em: http://www.planalto.gov.br/ccivil_03/_ato2015-2018/2015/lei/l13234.htm

Embora se possa alegar que a nomenclatura adotada para se referir ao fenômeno é o que menos importa, confusões semânticas costumam implicar diretamente na percepção e no entendimento do fenômeno. Isso dificulta a identificação das pessoas superdotadas e impacta na postura assumida pelo seu entorno.

Quatro das cinco pesquisadoras especializadas no tema entrevistadas para este livro, Zenita Guenther, Maria Lúcia Sabatella, Susana Pérez Barrera e Christine da Silva Schröeder, relataram escutar com frequência a pergunta: "Mas o que são altas habilidades e o que é superdotação?" Apesar de não haver diferença entre as terminologias, alguns pais chegam a dizer "meu filho tem altas habilidades, mas ele não é superdotado". As três primeiras especialistas citadas, que têm relação direta com a identificação do fenômeno, acreditam que se não estiver claro para o profissional que orienta as famílias, a qualidade do atendimento e do entendimento da superdotação pode ser afetada.

Em âmbito mundial, as nuances conceituais implicam também em outras questões, como: "Existe diferença entre superdotação e talento?" ou "Quantos são os superdotados e/ou talentosos?" As diferentes linhas conceituais chegam a números específicos relacionados ao fenômeno, como explicaram, entre muitos cálculos, em artigo para o *Journal for the Education of the Gifted*, Jean Bélanger e Françoys Gagné (sendo este outra autoridade no tema da superdotação, criador de uma das linhas de estudo na área, como você verá à frente).[14] As correntes coincidem em muitos aspectos, mas não encontraram ainda coesão conceitual absoluta, o que seria fundamental para determinar um único percentual para essa população.

Assim, o que se observa são variações nas questões de números e terminologia e nos instrumentos e métodos aplicados para identificação das pessoas superdotadas – o que não é uma novidade nas ciências humanas. Difícil também é encontrar um termo bem-visto por todo mundo em todos os cantos – especialmente se ainda considerarmos os termos mais "leves", criados na tentativa de tornar o assunto mais ameno e palatável.

Um deles, talvez o menos conhecido no Brasil é "zebra". O apelido carinhoso busca tirar um pouco a pressão implícita que paira sobre o superdotado – de uma certa "para-humanidade", que o habilitaria a desem-

[14] BÉLANGER, Jean; GAGNÉ, Françoys. Estimating the size of the gifted/talented population from multiple identification criteria. **Journal for the Education of the Gifted**, v. 30, n. 2, 2006, p. 131-163. Disponível em: https://files.eric.ed.gov/fulltext/EJ750766.pdf

penhar bem em tudo o tempo todo. Escolhido entre tantas opções no reino animal, a zebra é um tipo diferente de cavalo, e o único equino que o homem não consegue domesticar. Leva na pele a sua identidade: diversa da maioria e única na sua individualidade – suas listras pretas são como as digitais do ser humano, nenhuma é igual à outra, apesar de formarem um grupo determinado.

No Brasil, esse termo traz ainda uma conotação peculiar e talvez conveniente para falar da superdotação. Está associada a um resultado inesperado. A expressão "dar zebra" foi uma das invenções do lendário técnico de futebol Gentil Cardoso (1906-1970). Quando questionado sobre o resultado de um jogo, para não dizer que seu time poderia perder, resolveu usar uma figura de linguagem original. Disse que podia "dar zebra", em uma alusão ao Jogo do Bicho. Só entendeu de primeira quem sabia que esse jogo de apostas tão brasileiro reúne 25 animais, mas a zebra não está entre eles.

Assim como os resultados improváveis dos jogos não são tão raros, a superdotação pode ser uma minoria, mas está longe de ser uma raridade. E, ainda hoje, por desconhecimento e tantos mitos atrelados ao fenômeno, as pessoas tendem a se surpreender com a descoberta de que um familiar, um amigo ou ela mesma se encaixa nesse perfil. Muitas vezes até se negam a acreditar, dificultando uma convivência mais harmônica e respeitosa consigo mesma, dentro da família, no âmbito escolar ou laboral. Então, é hora de avançar, virar a página, literalmente, e desmitificar um pouco este assunto.

GPS DA OBRA

Capítulo 1 – apresenta as mais marcantes características das pessoas de altas habilidades.

Capítulo 2 – introduz os mecanismos para a identificação da superdotação em qualquer idade.

Capítulo 3 – faz um passeio breve pela história dos testes de quociente de inteligência (QI). Mostra também quais são os referenciais teóricos atuais para entender o fenômeno da superdotação e como os conceitos mais recentes se distanciaram das medições de QI.

Capítulo 4 – trata sobre as vantagens e desvantagens de se descobrir a superdotação em diferentes fases da vida e também revela as etapas de aceitação daqueles que são reconhecidos tardiamente.

Capítulo 5 – oferece uma visão sobre as mulheres superdotadas e algumas pistas do porquê elas seguem sendo menos identificadas do que os homens.

Capítulo 6 – delineia o panorama do contexto brasileiro, que explica alguns porquês de a grande maioria dos superdotados viver décadas sem identificação no Brasil, mesmo com tanta ciência e conhecimento crescente sobre o tema.

Capítulo 7 – explora experiências e perspectivas dos mais capazes no mercado de trabalho.

Capítulo 8 (último) – reúne boas fontes de conhecimento e conteúdo para quem quer seguir descobrindo sobre essa condição e a realidade dessas pessoas "neuroatípicas".

Para ajudar nessa jornada, quase todos os capítulos trazem relatos de pessoas superdotadas sobre as suas vivências e sentimentos.

Ao longo destas páginas, alguns sinais ajudarão você a trilhar o caminho. Entenda aqui o que eles querem alertar:

	HORA DE REFLETIR Propõe momentos de parar e pensar, para depois seguir em frente.
	HISTÓRIA DE VIDA Aqui você encontra relatos de pessoas superdotadas e de seus familiares.
	MEMORABÍLIA Destaca trechos do conteúdo do capítulo que valem a pena você manter em mente!
	PONTOS EM FOCO Reúne informações de grande valor que vão além das questões tratadas no capítulo.

DE DENTRO PRA FORA

Antes de seguir, faça uma breve reflexão. Você já se perguntou qual é sua visão sobre as pessoas superdotadas?

Pense por um minuto como você descreveria essas pessoas...

Agora, marque as características que você associa com a superdotação:

1. São pessoas infalíveis.
2. São gênios.
3. São arrogantes e pouco sociáveis.
4. São muito sensíveis e empáticas.
5. São estranhas, com ideias desajustadas.
6. São sempre os melhores alunos da sala.
7. São muito questionadoras.
8. São pessoas que tiram, no mínimo, 130 pontos em teste de QI.
9. São pessoas que aprendem muito rápido.
10. São muito inteligentes e muito bem-sucedidas.
11. São autodidatas que não precisam de ajuda.
12. São pessoas com altos padrões morais.

Se você marcou no máximo quatro itens da lista acima, provavelmente tem uma ideia das especificidades das pessoas com altas habilidades. Se marcou entre cinco e oito itens, você ainda precisa quebrar alguns preconceitos. Se marcou mais de nove itens, o próximo capítulo vai mostrar facetas dos superdotados que você nem imagina.

De qualquer forma, sigamos em frente!

CAPÍTULO 1

O QUE SIGNIFICA SER UMA PESSOA SUPERDOTADA?

Ao contrário do que se pensa, ser superdotado não significa ter a vida ganha. Ser uma pessoa de alto potencial significa viver tudo com mais intensidade e complexidade, tanto intelectual quanto emocionalmente. "É uma maneira diferente de estar no mundo", define a psicóloga francesa Jeanne Siaud-Facchin,[15] especialista europeia sobre os desafios desse fenômeno.

"Ser superdotado é ter uma personalidade marcada sempre por esse duplo traço: uma poderosa inteligência que funciona de forma qualitativamente distinta e uma intensa sensibilidade que impregna todos os momentos da vida",[16] descreve Siaud-Facchin.

A VIDA NO SUPERLATIVO

São muitas as características das pessoas com altas habilidades, porque são muito diversos os perfis dessas pessoas. Mas a maioria das características listadas no teste proposto ao final da introdução deste livro representa mitos ou ideias equivocadas sobre a personalidade e o comportamento dos superdotados – exceto que são pessoas realmente muito sensíveis e empáticas, muito questionadoras, que aprendem muito rápido e que têm altos padrões morais.[17] Mesmo quem é superdotado, mas não se sabe ou não conta com um acompanhamento para entender como lidar com essa realidade, pode ter uma visão distorcida sobre seu funcionamento.

---

[15] SIAUD-FACCHIN, Jeanne. **Demasiado inteligente para ser feliz?** Las dificultades del adulto superdotado en la vida cotidiana. Barcelona: Editorial Planeta, 2014. p. 16. Siaud-Facchin tem cerca de dez livros publicados, nenhum deles traduzido ao português. A obra original, de 2008, é intitulada "Trop intelligent pour être heureux?: L'adulte surdoué" ("Inteligente demais para ser feliz? O adulto superdotado", em tradução livre ao português).

[16] *Ibid.*, p. 104.

[17] BRASSEUR; CUCHE, *op. cit.*, p. 122.

Embora a capacidade cognitiva acima da média seja uma forte marca da superdotação, ser uma pessoa de alto potencial passa muito por questões relacionadas à sensibilidade e à intensidade. De fato, as singularidades mais marcantes e profundas dos superdotados não estão somente na expressão da sua inteligência, mas também no aspecto emocional e comportamental.

Por isso, no que se entende por inteligência hoje em dia ("fenômeno multidimensional"[18]), um teste de QI (Quociente de Inteligência) não deve ser o único instrumento usado para identificação das pessoas com altas habilidades. A dimensão afetiva é um componente essencial dessa condição. É preciso avaliar uma série de características da personalidade e a história de vida da pessoa para detectar se ela é ou não superdotada.

A experiência dos talentosos é superlativa por vários ângulos: inteligência superior, sensibilidade superior, receptividade emocional superior e vulnerabilidade potencialmente superior também. "Ser superdotado combina um alto nível de recursos intelectuais, uma inteligência fora dos limites, uma imensa capacidade de compreensão, de análise e memorização JUNTO COM uma sensibilidade, uma emotividade, uma receptividade afetiva, uma percepção dos cinco sentidos e uma lucidez cuja amplitude e intensidade invadem o âmbito do pensamento", nas palavras de Siaud-Facchin.[19]

Tudo começa pelos *inputs* recebidos. As pessoas com altas capacidades recebem uma enorme carga de informações, muito além do que é percebido por uma pessoa neurotípica, ou seja, com um funcionamento e desenvolvimento considerados "típicos" ou "padrão" pela ciência. As informações chegam das mais diversas fontes e são absorvidas sem passar por filtros, caracterizando a "hiper-receptividade emocional".[20] Essa permeabilidade é possível no superdotado porque todos os seus sentidos estão em constante alerta.

As informações entram por essa "visão panorâmica"[21] que, ao mesmo tempo, focaliza cada pequeno elemento. Da mesma forma, os cheiros, os sons, os sabores – que vão à boca ou são produzidos nela – e tantos dados táteis invadem seus sentidos. As pessoas atípicas podem, às vezes,

---

[18] ARANTES-BRERO, Denise Rocha Belfort. **Altas habilidades/superdotação na vida adulta**: modos de ser e trajetórias de vida. Curitiba: Juruá, 2020. p. 20.

[19] SIAUD-FACCHIN, *op. cit.*, p. 16.

[20] *Ibid.*, p. 41.

[21] *Ibid.*, p. 42.

ser sensíveis até mesmo às "partículas de emoção suspensas"[22] em cada ambiente onde estão e ainda as que emanam de cada pessoa com quem têm contato.

Isso acontece porque o cérebro dos superdotados trabalha com um "déficit de inibição latente".[23] Essa questão não é um transtorno de ordem psicológica e/ou mental, é simplesmente um modo de funcionamento dos mais capazes. A inibição latente é responsável por escolher as informações mais relevantes para cada indivíduo, geralmente associadas à sua sobrevivência, seus gostos e interesses. Como as pessoas mais habilidosas não contam integralmente com esse filtro, consideram todos os detalhes de forma descontrolada e inconsciente. E entregam constantemente para seu sistema cerebral um excesso de dados procedentes do seu entorno. Essa riqueza de informações também potencializa sua criatividade e aporta conhecimento.[24]

Carmen Sanz Chacón,[25] reconhecida psicóloga espanhola especializada em superdotação, gosta de comparar as pessoas com altas habilidades a uma "tartaruga sem casco". Ela explica que é como se sua pele sensível e sem proteção ficasse muito mais exposta e mais suscetível a se machucar.

Efetivamente, as pessoas com altas habilidades tendem a sofrer em função dessa sua sensibilidade que tudo capta. É comum ouvir de pessoas com alto potencial que adorariam ser mais "tontas" para não perceberem "determinadas coisas". Algumas acreditam que, com menos lucidez e volume de informação do mundo e das pessoas, elas poderiam ser mais felizes. Muitas se sentem desafortunadas, incompreendidas e infelizes por sua condição, preferindo ser como os outros.

Ademais, os superdotados podem ser excessivamente sensíveis à rejeição e às críticas. Afinal, o rechaço reforça a ideia de que são diferentes e representam uma exceção. Como qualquer ser humano, as pessoas de alto potencial querem obter a aceitação dos outros. Ser diferente do padrão é difícil e, geralmente, provoca uma sensação de desajuste, de descompasso na relação com o mundo,

---

[22] FOUSSIER, Valérie. **Adultes surdoués**: cadeau ou fardeau? Paris, FR: Éditions J. Lyon, 2017. p. 159; SIAUD-FACCHIN, op. cit., p. 28-29.

[23] FOUSSIER, *op. cit.*, p. 158.

[24] CLOBERT; GAUVRIT, *op. cit.*, p. 162.

[25] A obra de referência de Carmen Sanz Chacón utilizada neste capítulo é intitulada "La maldición de la inteligencia " (A maldição da inteligência, em tradução literal) e foi publicada em 2014, pela Plataforma Editorial. Ela também é autora da obra "Las diez claves de la Felicidad – La inteligencia y la felicidad no son incompatibles" (As dez chaves da felicidade – A inteligência e a felicidade não são incompatíveis", em tradução literal), de 2018. Ambas não estão traduzidas ao português.

podendo chegar a um sentimento de menos-valia. "Se sou diferente, é porque eu tenho um problema", costuma ser o mantra repetido internamente, ou, às vezes, o rótulo dado pelas pessoas, até mesmo as queridas.

Nos homens, essa hipersensibilidade, esses desvios do comportamento-padrão, às vezes, chegam a ser interpretados erroneamente pela sociedade como indício de homossexualidade. Eles não apenas são mais sensíveis e reflexivos, mas para completar o cenário, podem não se interessar por atividades associadas à masculinidade – como futebol ou luta, por exemplo – não só no Brasil, mas pelo mundo afora.

Daniel,[26] 54 anos, pediatra suíço

"Eu escutei falar de pessoas superdotadas pela primeira vez em um congresso médico, há uns 10 anos. Eu pensei 'Tudo isso parece muito comigo! Mas, não pode ser, porque na escola eu não era o melhor aluno.' Eu fui bem inconstante, às vezes muito, muito bom, às vezes, muito ruim também.

[...]

Provavelmente a fase mais difícil pra mim foi na adolescência. Eu estava lendo filosofia, interessado na vida após a morte, e ao mesmo tempo fazendo esportes e tudo o mais, mas eu não estava no mesmo nível dos meus amigos. Eu era diferente, vivia num mundo diferente, numa realidade diferente. E, às vezes, isso era difícil, porque nessa fase você quer ter amigos, fazer parte de um grupo. E com as garotas era terrível, por causa do meu emocional, eu era tão único e tão intenso em tudo. Eu era cheio de energia pra tudo e, às vezes, para os outros ao meu redor era difícil de entender. Devia ser difícil para qualquer um conviver comigo.

[...]

Meu pai era muito rigoroso com os filhos. Ele me ensinou a lutar porque achava que eu tinha que ser mais agressivo, mais 'másculo'. Porque essa questão da hipersensibilidade para o homem é complicada de viver na pele masculina. Você se sente fraco às vezes, em relação aos outros meninos.

[...]

Não fizemos testes, mas meu filho e minha filha são superdotados também. Eles têm essa mesma hipersensibilidade que eu tenho. Nossa relação é muito forte, porque a gente se entende sem precisar falar uma palavra. Hoje vejo que pro meu filho, com quase 12 anos, tem sido difícil na escola. Ele é muito ativo, bem físico, mas muito sensível e não gosta de futebol, ele não quer brigar. Para os outros meninos é como se ele não fosse menino. E assim é difícil ter autoconfiança e não se sentir fraco.

[26] A pedido, o nome e algumas informações biográficas foram modificadas a fim de garantir o sigilo da identidade do entrevistado.

[...]

Eu sou uma pessoa que gosta muito de atividade física e esporte, sou competitivo. Eu diria que esta é minha parte masculina. Mas tenho poucos amigos homens. Acho que a conversa com eles é superficial. Eu tenho boas conversas e boas amizades com mulheres. Com elas tenho mais facilidade de mostrar minhas emoções. Com os homens têm sempre uma questão de competitividade, de quem é mais forte. Hoje estou com 54 anos e não tenho mais nada pra provar na minha vida. Só quero continuar explorando as coisas. Tem tantos campos diferentes pra explorar.

[...]

Depois de ver muitos psiquiatras e psicólogos, eu tive muitos diagnósticos e recebi muitos conselhos. Em função da minha ansiedade, da minha intensidade... Eu entendi que era muito esperto, que eu podia entender as coisas com facilidade, mas não terminava de entender quem eu era na realidade. Então descobrir a superdotação foi o 'diagnóstico' mais preciso. Pra mim, sou eu!"

[....]

Aprender rápido não é a melhor parte de ser superdotado, na minha opinião. É a curiosidade. E esta capacidade de me sentir maravilhado com as coisas e a alegria que isso me traz. Eu sempre quero saber mais. Tudo é interessante pra mim nesta vida. Todo mundo é interessante. Ler um livro onde aprendo alguma coisa é 'Uauuuuhhh', como se eu fosse uma criança me deliciando com chocolate. Eu sinto isso com tudo na vida. Tenho 54 anos, meu corpo mudou, mas minha mente é a mesma de quando eu era criança. E isso é muito legal! Tenho vários amigos da mesma idade que eu, mas, para mim, eles já têm cabeça de velho".

TODAS AS DORES DO MUNDO

Essa sensibilidade à flor da pele também reverbera na capacidade dos superdotados de serem altamente empáticos.[27] A empatia é a capacidade de se colocar no lugar do outro, de se identificar com ele, de sentir o que ele sente e de querer o que ele quer.

A empatia é um comportamento de base neurológica explicado pela ação dos neurônios-espelho. Esse tipo de neurônio possibilita que o ser humano simule mentalmente a perspectiva do outro. Eles ativam uma repetição interna imaginária da ação que está sendo vista e despertam sensações e sentimentos associados a essa ação. Por exemplo, alguém ri sem parar e de repente todos os que estão à sua volta são "contagiados", começam a rir também, mesmo sem saber por que motivo. São os neurônios-espelho fazendo o cérebro de cada um resgatar sensações e lembranças divertidas que o fazem rir.

---

[27] FOUSSIER, *op. cit.*, p. 159.

Em boa parte das pessoas com altas habilidades, a empatia é tão exacerbada que faz com que elas experimentem emocionalmente o que os outros vivem. Isso acontece de forma tão natural que se torna muito difícil para elas ficarem indiferentes às questões alheias. Chegando ao extremo de só descansarem quando acreditam ter resolvido ou realmente ajudado o outro a resolver os problemas.

Quando o problema de terceiros envolve questões morais, o envolvimento emocional da pessoa de alto potencial costuma ser ainda maior.[28] A literatura especializada comprova níveis de preocupação altruística e forte senso de justiça entre os superdotados.[29] Eles sentem todas as dores do mundo e sofrem muito em razão delas. Desde as maiores injustiças sociais, como discriminação e pobreza, passando pelas guerras, até a mais básica falta de respeito com terceiros. Por isso é possível dizer também que os superdotados tendem a ser pessoas bondosas, com objetivos profundamente humanistas.

Os talentosos se empenham de corpo e alma nas causas que elegem – alguns chegam a se tornar militantes das causas que abraçam. E empregam suas aptidões na resolução de problemas de forma inovadora. Contam com ferramentas poderosas para essas tarefas: a criatividade, a inventividade e o gosto por novas maneiras de fazer as coisas. Continuamente, experiências vividas e conhecimentos adquiridos em diferentes situações são transportados para novas situações como ingredientes para encontrar saídas inusitadas.

Têm muita facilidade para se manter automotivados quando estão diante de um objetivo que faz sentido para eles ou que lhes causa bem-estar. São persistentes nos seus propósitos e chegam até a ser obstinados. Quando se encontram em suas profissões ou cargos de trabalho, podem se

---

[28] "O senso moral está ligado à empatia, uma qualidade que também é frequentemente atribuída a pessoas com alto potencial. [...] Podemos ver claramente a ligação entre empatia e senso moral: se conseguirmos nos colocar no lugar dos outros, será mais fácil sentir o que deve ser feito para que se sintam melhor e, portanto, para preservar a harmonia de todos, que é o principal motor da moralidade". (BRASSEUR; CUCHE, *op. cit.*, p. 141).

[29] Estudo sobre o desenvolvimento moral de estudantes com altas habilidades mostrou que muitos deles apresentam aguçado senso moral demonstrado por meio da compaixão, sensibilidade ao sofrimento alheio e sentimentos profundos de proteção aos necessitados.
LUSTOSA, Ana Valéria Marques Fortes. Desenvolvimento moral do aluno com altas habilidades. *In*: FLEITH, Denise de Souza; ALENCAR, Eunice M. L. Soriano de (orgs.) **Desenvolvimento de talentos e altas habilidades**: orientação a pais e professores. Porto Alegre: Artmed, 2007.
VALENTIM, Bernadete Fatima Bastos; VESTENA, Carla Luciane Blum Vestena. Análise da noção de justiça em estudantes com altas habilidades/superdotação: uma contribuição educacional. **Revista de Educação Especial de Santa Maria**, v. 32, 2019. Disponível em: http://dx.doi.org/10.5902/1984686X20149. https://periodicos.ufsm.br/educacaoespecial/index

tornar *workaholic* (viciados em trabalho), mais pelo seu próprio entusiasmo e empenho em alcançar altos padrões de qualidade do que por imposição do contratante.

As pessoas com altas habilidades têm ainda um apurado gosto pela verdade, pela equidade, sinceridade e pelo jogo limpo. Por isso, encontram dificuldade em aceitar práticas paralelas. Se uma vaga de trabalho é aberta na empresa, ficam indignadas se descobrem que já está ocupada de antemão por um amigo do chefe, por exemplo. Entretanto, por seus elevados valores éticos, marcantes desde a infância, podem ser tachadas de intolerantes ou críticas com os demais.

Na busca constante por sentido e pela verdade, mostram-se fortes questionadoras de padrões estabelecidos (especialmente os de moral questionável), de normas e hierarquia que não lhes pareçam ter lógica de ser. Sua atitude inquisitiva está diretamente ligada ao senso lógico e à curiosidade intelectual, que costumam despontar precocemente.

Seja para quem for, direcionam perguntas desafiadoras, nem sempre bem-vistas ou bem recebidas por figuras de maior autoridade. Deste comportamento com frequência surgem conflitos. Pais, professores e chefes muitas vezes sentem que sua autoridade e sua posição estão sendo questionadas, mesmo quando o questionamento tem como único objetivo a reflexão e a busca de entendimento.

Por essas características e tantas situações difíceis que desencadeiam, muitos superdotados se retraem e se distanciam, e criam uma couraça de proteção – como forma de substituir o casco que não possuem. Muito embora internamente apreciem e precisem muito de demonstrações de afeto e carinho.

VÍNCULOS QUE MARCAM A MEMÓRIA

Outra característica observada em pessoas com altas habilidades é a facilidade em desenvolver fortes vínculos emocionais com pessoas, lugares e/ou coisas. Esse funcionamento tem uma ligação direta também com sua boa memória e facilidade de aprendizado. Estudos sobre essas duas habilidades cognitivas apontam que o cérebro transmite e armazena de forma mais eficiente todas as informações que estejam atreladas a fortes sentimentos.[30]

[30] TYNG, Chai M.; AMIM, Hafeez U.; SAAD, Mohamad N. M.; MALIK, Aamir S. The influences of emotion on learning and memory. **Frontiers Psychology**, ago. 2017. Disponível em: https://www.ncbi.nlm.nih.gov/pmc/articles/PMC5573739/

"Ser superdotado é, acima de tudo, pensar antes com o coração do que com a cabeça", esclarece Jeanne Siaud-Facchin.[31] A autora lembra que desde a difusão das ideias do francês René Descartes, considerado o fundador da filosofia moderna, no século XVII, acreditava-se que a emoção levava o ser humano a cometer erros, por nublar sua capacidade de julgamento. Mas António Damásio, neurologista e neurocientista português, demonstrou mais recentemente, por meio de estudos do cérebro e das emoções humanas, que as emoções são necessárias para o pensamento. Em seu livro *O Erro de Descartes*, lançado em 1994, Damásio é categórico: "toda e qualquer expressão racional está baseada em emoções". Sem elas, o cérebro, na verdade, perderia a razão. As decisões, conclusões e condutas tomadas sem o envolvimento das emoções são mais frágeis. A assertividade dos superdotados, que vivem uma constante e intensa tempestade de sensações e emoções, poderia ser mais uma forma de evidência disso.

Esse é um dos motivos pelos quais se diz que, quanto à inteligência em si, o principal diferencial das pessoas superdotadas não é uma questão quantitativa, mas, sim, qualitativa. Elas contam com um funcionamento cerebral mais ágil, sim, mas também diferente.

O uso de tecnologias de neuroimagem permitiu, principalmente a partir dos anos 1990, a "década do cérebro", mapear o funcionamento desse órgão. Elas incluem a ressonância magnética funcional (fMRI), que mede o nível de oxigenação do sangue no cérebro; a tomografia por emissão de pósitrons (PET), que avalia o metabolismo de glicose dos neurônios; e o eletroencefalograma (EEG), que mapeia a corrente elétrica dentro do cérebro. Esses métodos não invasivos passaram a permitir que se enxergue áreas em atividade no cérebro durante a execução de diferentes tarefas, em diversos perfis de pessoas.

Antes do surgimento dessas modernas tecnologias, a anatomia cerebral só podia ser estudada após a morte da pessoa. Como no caso de uma das maiores mentes da humanidade, Albert Einstein. Pesquisas feitas com seu cérebro – guardado antes da cremação de seu corpo – demonstraram, por exemplo, que ele não possuía maior quantidade de neurônios, em relação à média da população.[32]

---

[31] SIAUD-FACCHIN, *op. cit.*, p. 41.

[32] CARDOSO, Silvia Helena PhD. Por que Einstein foi um gênio? **Revista Cérebro & Mente**, 2000. Disponível em: https://cerebromente.org.br/n11/mente/eisntein/einstein-p.htm
DIAMOND, Marian C.; SCHEIBEL, Arnold B.; MURPHY JR., Greer M.; HARVEY, Thomas. On the brain of a scientist: Albert Einstein. **Experimental Neurology**, v. 88, Issue 1, p. 198-204, abr. 1985. Disponível em: https://doi.org/10.1016/0014-4886(85)90123-2

Mas, hoje, um funcionamento cognitivo diferenciado é registrado em vários aspectos. Embora tenham a mesma quantidade de células nervosas que a população em geral, as pessoas com altas habilidades fazem conexões neuronais mais rapidamente, realizam significativamente mais sinapses e têm desempenho cerebral específico para certas atividades.[33]

"Pessoas de alto potencial possuem uma rede neural rica e desenvolvida. Em virtude dessa especificidade mental e da conectividade aprimorada entre certas regiões do cérebro, elas apresentam um sistema executivo mais eficiente", destacam as belgas Sophie Brasseur e Catherine Cuche, pesquisadoras nas áreas de gestão de emoções e seu impacto na aprendizagem e da autoestima, respectivamente. Juntas, escreveram o livro *Le haut potentiel en questions* (O alto potencial em questões, em tradução livre), que tem contribuído muito para entender as particularidades do funcionamento dos mais capazes.

Em função dessas características, as pessoas com altas habilidades intelectuais automatizam com mais facilidade uma série de tarefas, liberando energia do cérebro para lidar com tarefas mais complexas.[34]

Algumas teorias destacam o desenvolvimento do raciocínio como uma das diferenciações entre as pessoas neurotípicas e as atípicas. Enquanto os neurotípicos construiriam pensamentos lineares, em que uma ideia leva à outra e elas se encadeiam até chegar a uma conclusão, o cérebro das pessoas de alto potencial trabalhariam com pensamentos arborescentes, "em forma de árvore".[35] Deste ponto de partida, cresceriam rapidamente diversas ramificações a partir de associações de ideias difíceis de estruturar em um sequenciamento linear simples.

Não existem, entretanto, comprovações científicas dessa hipótese até o momento. Poderia ser que o pensamento se desenvolva da mesma "forma de árvore" em ambos os grupos, mas, como os neurotípicos naturalmente possuem menor capacidade de memorização[36] e processamento, trabalhando assim com menos elementos do que os superdotados, a impressão que ficaria é a de que seu raciocínio segue um esquema quase linear.

---

[33] BRASSEUR; CUCHE, *op. cit.*, p. 73.

[34] *Ibid.*, p. 171-172.

[35] SIAUD-FACCHIN, *op. cit.*, p. 33-34.

[36] BRASSEUR; CUCHE, *op. cit.*, p. 171.

AS DUAS FACES DA HIPERATIVIDADE

Em função do desenvolvimento de seu raciocínio, a pessoa com tal poder de processamento turbinado pode se perder entre seus pensamentos e apresentar dificuldade de expor suas ideias, dada a imensidão de ligações que faz para chegar até elas.[37] Daí podem surgir dificuldades em explicar sua linha de raciocínio, gerando desconfiança em seu interlocutor. Não raras são as vezes em que a pessoa neuroatípica se retrai e desiste de tentar se explicar.

Contam com um alto poder de concentração[38] e grande capacidade de abstração.[39] Mas por essas mesmas características, podem vir a ser consideradas "desligadas", "distraídas" ou com "a cabeça na Lua". Não é à toa, já que, enquanto focadas nos seus interesses e descobertas, podem perder muitas coisas que estão acontecendo ao seu redor, inclusive a noção de tempo.

O acúmulo de conhecimento não é indicativo definitivo do perfil de alto potencial. A sensibilidade para captar informações, a facilidade de aprender e assimilar coisas novas e o poder de conectar e aplicar conhecimentos, estes sim, são fortes marcadores de pessoas mais capazes.

Suas mentes vivem sempre superexcitadas e superestimuladas intelectualmente, com grande apetite por experimentar, aprender e viver coisas diferentes. A hiperatividade mental – bem como a hipersensibilidade – torna-se, inclusive, uma carga muitas vezes difícil de administrar, especialmente quando essas pessoas desejam relaxar e não conseguem se desconectar ou "parar de pensar". Nesses momentos, é comum que recorram a bebidas e drogas, lícitas ou ilícitas.[40]

Podem ainda desenvolver compulsões em suas diversas formas: alimentação, sexo, compras. "Acaba sendo uma questão que surge em decorrência desse excesso. Isso às vezes traz um peso grande pra vida, pra saúde, enfim, pras questões emocionais", ressaltou em conversa para este livro a psicóloga especializada em altas habilidades, Denise Arantes-Brero, presidente do Conselho Brasileiro de Superdotação (ConBraSD) na gestão 2021-2022.

---

[37] *Ibid.*, p. 171; 175.

[38] *Ibid.*, p. 73.

[39] *Ibid.*, p. 172.

[40] CLOBERT; GAUVRIT, *op. cit.*, p. 148.

Essa via de alta velocidade da hiperatividade mental não deixa de ser, em contrapartida, um mecanismo natural de combate a um dos maiores inimigos das pessoas de alto potencial: o tédio.[41] Seja o tédio da rotina – nas tarefas cotidianas –, o tédio nos seus relacionamentos amorosos e até o tédio existencial.

A ebulição mental pode se tornar ainda um gerador de conflitos, ao envolver impaciência com aqueles que têm ritmo menor. É como carros que trafegam em uma estrada a 100 km por hora e a 130 km por hora. Quem vai mais rápido acha que o outro vai devagar. Quem vai mais devagar acha que o outro é louco, por manter aquela velocidade. O mais veloz deverá chegar mais rápido ao destino, mas corre mais riscos e, se não estiver bem atento, pode passar sem ver algumas placas e perder algumas saídas.

O alto potencial do superdotado não significa que irá se sobressair em tudo 100% do tempo. Os superdotados têm fraquezas e cometem erros, como qualquer ser humano. Mas, muitas vezes, basta alguém ser identificado – quando criança, adolescente, jovem ou adulto – para surgirem pressões de todo tipo e de todo lado, até mesmo de si próprio. "Você deveria ter feito isso muito melhor, porque você é mais inteligente que os outros"; "você não tem direito de tomar decisões estúpidas".

Outro equívoco comum é equiparar pessoas com alto potencial a gênios. Um mito extremamente pernicioso. "Muitas vezes, destacamos os gênios da humanidade como exemplos de PAH/SD [pessoas com altas habilidades/superdotação]. Ao fazê-lo, associamos duas condições que não sempre andam juntas – AH/SD [altas habilidades/superdotação] e sucesso — mesmo que esse sucesso tenha sido percebido gerações depois daquela na qual viveram esses gênios — ou colocamos um fardo muito pesado nas costas dessas pessoas, que é ter um desempenho equivalente aos maiores expoentes intelectuais ou artísticos do mundo", analisa a uruguaia Susana Pérez Barrera[42], que desenvolveu grande parte de sua pesquisa na área de superdotação durante os 40 anos que viveu no Brasil.

---

[41] SIAUD-FACCHIN, *op. cit.*, p. 174-180.

[42] PÉREZ, Susana Graciela Pérez Barrera. **Ser ou não ser, eis a questão:** o processo de construção da identidade na pessoa com altas habilidades/superdotação adulta. 2008. 230 f. Tese (Doutorado em Educação) – Pontifícia Universidade Católica do Rio Grande do Sul, Porto Alegre, 2008. Disponível em: http://tede2.pucrs.br/tede2/handle/tede/3567

Vale destacar que as pessoas de alto potencial não tendem a ficar restritas a uma só área de interesse. Munidas de uma mente acelerada e sedenta por novos conhecimentos, costumam desenvolver múltiplos interesses, com notável versatilidade. O que não quer dizer que sempre terão múltiplas habilidades, embora seja mais comum que tenham. Essa voracidade por aprender e fazer, pode passar a impressão de serem dispersas e quererem "abraçar o mundo". É comum que se choquem com a frustração pela falta de tempo em se dedicar a todas as frentes em que desejam se aprofundar e todos os projetos que querem tocar paralelamente.

Mesmo com muitas atividades e interesses distintos ao mesmo tempo, desejam e se empenham para que tudo saia "perfeito". Podem ser muito exigentes consigo mesmas e também com os outros. As altas expectativas que nutrem de si mesmas e dos demais podem ser fonte constante de frustração e angústia.

Muitas chegam a criar bloqueios em função da sua autocrítica severa, quando se instala o perfeccionismo. Pela alta cobrança para alcançar a excelência, podem acabar "empacadas" ou procrastinando até – ou mais que – o limite. Podem se sentir desencorajadas ou deprimidas. "Gosto de lembrar os superdotados de que o feito é melhor do que o perfeito não entregue", é um alerta constante de Denise Brero nos seus atendimentos.

PRESENTE OU FARDO

Essa forma de funcionamento diferente requer cuidados diferentes e estímulos adequados. Para desenvolver a carga genética que determina essa condição é fundamental a contribuição do ambiente em que se vive e relações saudáveis e positivas, para nutrir as altas necessidades afetivas. Os talentosos precisam de suporte, emocional e estratégico, e não devem ser deixados à própria sorte.

O "excesso" de capacidade, entretanto, não costuma despertar nos outros a mesma disposição em ajudar que se vê nos casos de déficit de capacidade. Quando existe uma limitação física ou intelectual é mais fácil e comum conseguir apoio. As altas habilidades tendem a despertar mais inveja do que compaixão.

Os pais, cientes da superdotação dos filhos, denunciam situações desse tipo mesmo em instituições de ensino básico. Ainda é um desafio encontrar professores capacitados, empáticos, que respeitem as diferenças e dispostos a fazer adaptações para atender cada estudante na sua individualidade.

As crianças muitas vezes precisam lidar com professores que se sentem ameaçados ou incomodados pela postura dos mais habilidosos. Entre os que se destacam nas áreas de exatas, é comum, por exemplo, que cheguem ao resultado correto de um exercício de matemática sem passarem pelas etapas ensinadas pelo professor e sejam repreendidos por isso.

As pessoas de alto potencial, especialmente as crianças e os adolescentes, precisam ademais administrar algumas dissincronias dentro e fora da escola. Não se encaixam na idade cronológica, porque têm áreas cognitivas mais desenvolvidas, como moral, matemática, linguística, psicomotora ou outra, dependendo de cada caso. E quando encontram com quem se equiparam intelectualmente, as diferenças de idade ou de maturidade emocional podem ser importantes. Afinal, ao longo da vida, acontecem muitas e grandes transformações no corpo, na psique e nos interesses.

"Com frequência se tem falado em dissincronia para explicar os problemas que esse diferencial (idade cronológica/idade mental) pode ocasionar nas crianças superdotadas. Pessoalmente, eu sempre digo aos pais que seu filho não tem nenhum tipo de dissincronia, ele está perfeitamente sincronizado consigo mesmo", aponta Chacón, lembrando da importância de se respeitar cada indivíduo como ser único.[43]

Mesmo depois de crescidas e amadurecidas, as pessoas com altas habilidades costumam manter suas crianças bem latentes dentro de si.[44] Podem demonstrar um genuíno encantamento infantil pela vida e uma euforia espontânea pela descoberta e pela exploração, como se o mundo fosse um grande parque de diversões.

O senso de humor dos mais capazes também permanece incomum e sofisticado por toda a vida. Mas essa expressão de criatividade e inteligência pode causar prejuízos aos seus relacionamentos sociais. Conforme sua sutileza, podem não ser compreendidos e até tomados como hostis.

Quanto menos preparados estiverem para lidar com essa intensa interferência emocional no seu cotidiano, mais desgastante será para os talentosos. Apreender o mundo material e as relações humanas com tamanha lucidez, frequência e celeridade pode gerar impactos negativos, como ansiedade, angústia e até mesmo dispersão.[45]

---

[43] CHACÓN, Carmen Sanz. **La maldición de la inteligencia**. Barcelona, ES: Plataforma Editorial, 2014. p. 30.

[44] SIAUD-FACCHIN, *op. cit.*, p. 144-145.

[45] *Ibid.*, p. 168-169.

Além disso, algumas das percepções captadas não serão agradáveis, outras serão doloridas. Entender com um olhar que está sendo enganado por alguém que ama ou identificar "no ar" uma mentira de quem se tem em grande consideração são situações frequentes para muitos superdotados.

As conexões neurais dos mais capazes acontecem em altíssima velocidade e, muitas vezes, de forma inconsciente – nem eles próprios conseguem acessar as estratégias utilizadas durante seu raciocínio. Pensam rápido e chegam logo a conclusões, muitas vezes acertadas, mas que parecem ser "sem pensar". Podem encontrar respostas consideradas deslumbrantes para as quais não conseguem compreender a progressão na sua construção.[46]

Esse mecanismo de funcionamento traz algumas situações desafiadoras e desconcertantes nos relacionamentos pessoais e no ambiente de trabalho dessas pessoas, aqui chamadas carinhosamente também de "zebras". Quando decidem compartilhar suas opiniões podem enfrentar a desconfiança dos outros, que não conseguem acompanhar o que está sendo dito ou desconfiam dos aparentes "saltos" no pensamento do seu interlocutor.

Para algumas pessoas com altas habilidades, essa lucidez pode se refletir ainda em atos de "sincericídio". Passam a ser rechaçados por aqueles que talvez prefiram não ser alertados de certas evidências inconvenientes. Podem experimentar vivências desastrosas, optando por não falar o que descobrem. Ao não se sentirem acolhidos ou sentirem que sua visão do mundo ou suas "contribuições" não são bem recebidas, podem escolher como estratégia o isolamento.

Lucía, 26 anos, química uruguaia

"Às vezes, uma pessoa é vista como 'negativa' ou 'pessimista' porque é capaz de sentir que algo está por acontecer. Sou rotulada na minha família como 'pássaro de mau agouro', porque sempre tentei avisar coisas que percebo, mas isso não costuma gerar muita simpatia entre os demais. E gera muita ansiedade em mim...

---

[46] BRASSEUR; CUCHE, *op. cit.*, p. 172.; CHACÓN, *op. cit.*, p. 43.

[...]

O mais comum era que eu via pequenas mudanças no comportamento da minha irmã (coisas muito sutis), que os outros não viam. Não sabíamos se ela tinha uma bipolaridade ou coisa parecida e eu sentia indícios das suas oscilações. As pessoas não veem o peso da linguagem, de uma ou duas palavras que uma pessoa não usa sempre, mas usa em determinados momentos. Não é questão de ficar caçando problema, é que eu me dava conta de que tinha alguma coisa que não fechava ali. E avisava aos meus pais: 'Prestem atenção, ela está mal.' Dois ou três meses depois, ela tinha uma crise.

[...]

Eu sinto muita ansiedade por causa disso, porque posso ver e, às vezes, não posso fazer nada. E não é minha responsabilidade mesmo fazer alguma coisa. Mas, quando percebo que algo está por acontecer, fico em dúvida se devo tomar alguma atitude porque sei que os outros não estão percebendo aquilo. Acho que isso é o lado negativo, embora não seja uma coisa negativa em si.

[...]

Depois da identificação eu quis contar para todos da minha família [sobre a superdotação], não para que eles me vissem como essa 'criatura mítica', que é a ideia que se tem dos superdotados. Queria que eles pudessem entender por que eu sentia tanto tédio nas reuniões familiares e ia embora, por que eu sempre estava lendo enquanto todos assistiam à TV, ou por que sempre me senti tão mal com certos temas, a ponto de chorar... Não significa que eu tenha um problema emocional, muito menos depressão. Significa que eu simplesmente sinto e processo de maneira mais intensa todas as informações".

Natalia,[47] 34 anos, jornalista argentina

"Eu me lembro de causar em um grupo de amigas do ensino médio. Porque eu via coisas delas, dos seus familiares, dos seus namorados [como traições e mentiras] que ninguém mais via. E eu não respeitava o tempo do outro de se dar conta daquilo. Eu ia e dizia na cara delas... E elas sempre reagiam: 'Que maldosa que você é.' Mas na minha cabeça, eu achava que estava fazendo a coisa certa, porque estava dizendo a verdade, estava fazendo justiça em situações que não estavam certas. E, ainda por cima, eu estava sendo sincera, porque eu dizia direto para elas e não pelas costas. Eu não mentia nem escondia nada delas.

[47] A pedido, o nome e algumas informações biográficas foram modificadas a fim de garantir o sigilo da identidade da entrevistada.

[...]

Mas, claro, para quem não estava vendo o que eu via, nem estava preparada para a notícia que eu dava, nem estava no meu lugar, é difícil. Por isso eu era o tipo de pessoa que os outros não queriam ter por perto. Porque é mesmo muito difícil que te digam na cara coisas que você não quer escutar. Também tem uma parte um tanto inocente em nós, superdotados, de querer ajudar os outros, do nosso jeito, na nossa visão. Mas obviamente o outro é outra pessoa. E precisamos aprender a ter mais tato de como e quando dizer as coisas. É preciso aprender a usar filtros para viver em sociedade.

[...]

Meus amigos sempre souberam que eu era inteligente, mas, depois da minha identificação, também puderam fazer 'mea culpa'. Alguns até me pediram desculpa por fazer bullying. Argumentaram que também não sabiam que eu não fazia aquilo de propósito, que eu não era mal-intencionada".

SUPERDOTAÇÃO PATOLOGIZADA

Essa equação complexa de "superlatividade" e incompreensão recíproca, de despreparo e desconforto social com as diferenças costuma ter um resultado pesado para as pessoas com altas habilidades.

As pessoas superdotadas podem ter dificuldade em regular suas emoções sob estresse e vir a expressar essa tensão com atitudes explosivas – até violentas – ou em forma de doenças psicossomáticas ("explodem" ou "implodem"). Problemas de sono, dermatite atópica, psoríase, bruxismo, asma, gastrite, contratura muscular são alguns exemplos frequentes de somatização em todas as faixas etárias.[48]

Assim como possuem uma sensibilidade maior para receber os estímulos, os superdotados também tendem a apresentar reações mais intensas a eles, interna e externamente.[49] Isso pode soar desproporcional para outras pessoas que não experimentam esse fenômeno. Mas é algo já estudado e demonstrado desde a década de 1960, por exemplo, por Kazimierz Dabrowski (sobre quem você vai ouvir muito ainda). Sua Teoria da Desintegração Positiva (TDP) enfatiza o papel desempenhado pelas emoções no potencial de desenvolvimento humano.

---

[48] CHACÓN, *op. cit.*, p. 52; FOUSSIER, *op. cit.*, p. 132.

[49] BRASSEUR; CUCHE, *op. cit.*, p. 198.

A "sobre-excitabilidade", um dos conceitos centrais dessa teoria, é um indicador de superdotação bem menos estudado do que as variáveis cognitivas, como a própria inteligência. A "sobre-excitabilidade" pode se mostrar em cinco diferentes áreas: intelectual, imaginativa, emocional, sensorial e psicomotora. Seus desdobramentos sociais comumente são fonte de conflitos, crises e até adoecimentos.

As reações das pessoas com essa maneira atípica de funcionamento intelectual e afetivo costumam ser mal interpretadas como "manias", "exageros", "melodrama" ou "transtornos". Mas são experiências tão legítimas e elementos tão intrínsecos da personalidade das pessoas talentosas que causam nelas a sensação de serem estrangeiras na sua terra natal. Sensação inclusive de que não é possível se encaixar àquele grupo ou sociedade.

Lamentavelmente, é bastante comum que essas expressões do estresse e da "sobre-excitabilidade", assim como algumas características próprias da superdotação, sejam confundidas com sintomas de transtornos psicológicos, em diagnósticos médicos, e acabem reduzidas a CIDs (Classificação Estatística Internacional de Doenças e Problemas Relacionados com a Saúde).

Por não tratarem da questão das altas habilidades na esmagadora maioria das universidades, os profissionais da saúde ou da educação normalmente ingressam no mercado de trabalho despreparados para identificar características e comportamentos das pessoas superdotadas. Ao se depararem com quadros típicos desse fenômeno, identificado ou não, não contam com preparo necessário para lidar com a questão na sua essência, e não apenas na sua expressão.

Diagnósticos equivocados trazem sérias consequências para a vida dessas pessoas. São diversos os casos que chegam aos cuidados de profissionais especializados em superdotação, após anos de tratamentos malsucedidos, envolvendo diagnósticos equivocados e medicações inadequadas.

Se observada com a devida atenção, essa situação poderia configurar um problema de saúde pública. Afinal, estamos falando da vida de 6,4 a 10,6 milhões de brasileiros, de acordo com as estimativas do Relatório Marland.[50]

---

[50] De 3 a 5% dos 213,3 milhões de brasileiros (IBGE, agosto de 2021).

QUANDO A MEDICINA PODE REVELAR A SUPERDOTAÇÃO[51]

- *Transtorno do Déficit de Atenção, com ou sem Hiperatividade (TDA e TDAH)*

A sua descrição no Manual Diagnóstico e Estatístico de Transtornos Mentais relata critérios muito semelhantes a situações vividas pelos superdotados, não fosse a hiperatividade mental uma medida da atividade de suas mentes e não um transtorno mental.

Por se perderem entre seus pensamentos, viverem em constante ebulição mental e se concentrarem tão profundamente a ponto de se esquecerem do resto do mundo, pessoas superdotadas poderiam ser diagnosticadas com este transtorno. Ademais, a desatenção, a inquietação e a impulsividade, características desse quadro, podem surgir entre pessoas com facilidade de aprendizado, por estarem entediadas ou se dispersarem com outros estímulos.

- *Transtorno negativista desafiante (TOD)*

Neste caso também as características dos habilidosos se confundem com a lista de sintomas do TOD. Condutas negativistas, hostis e desafiantes que perduram há mais de seis meses nos superdotados não são um transtorno, podem ser contornados sanando os problemas de autoestima, falta de carinho e falta de compreensão do talentoso.

- *Transtorno de Personalidade Evitativa (TPE)*

Superdotados podem se isolar de situações sociais, tornar-se excessivamente reservados, fugirem de trabalhos em grupo, de festas e de reuniões sociais de vários tipos. Provavelmente buscam evitar momentos desagradáveis parecidos aos que viveram na sua infância (*bullying*); são movidos pelo medo das críticas, do rechaço, da desaprovação. Mas podem terminar sendo enquadrados nas características clássicas do transtorno.

- *Fobia social*

Se submetidas a situações sociais em que não se sentem seguras, algumas pessoas com altas habilidades podem desenvolver quadros de ansiedade, sofrimento e evitação – próximos do TPE, mas com sintomas

[51] Os comentários relativos a cada um dos transtornos são elementos que pareceram relevantes para as autoras, com base nos trabalhos de Valérie Foussier (Adultes Sudoués. Cadeau ou Fardeau?), Jeanne Siaud-Facchin (Demasiado Inteligente para ser Feliz? Las dificultades del adulto superdotado en la vida cotidiana) e Carmen Sanz Chacón (La maldición de la inteligencia). Eles não substituem de forma alguma uma descrição completa e científica desses transtornos.

menos severos. O sentimento de não pertencimento, a incompreensão social, eventuais maus-tratos emocionais do passado podem explicar esse quadro e exigir encaminhamento específico.

- *Transtorno de ansiedade e depressão*

As dificuldades comumente enfrentadas pelos mais capazes ao tentar levar uma "vida normal", ter uma profissão, amigos, parceiros(as), podem gerar muita ansiedade. Sofrem por não conseguirem se comportar ou se relacionar de forma adequada às expectativas sociais, podendo gerar inclusive uma opinião negativa de si mesmos. É alto o risco de os superdotados caírem em depressão (com os casos mais graves incluindo pensamentos suicidas).

- *Transtornos Bipolares*

Por serem muito intensos no que sentem e na forma como vivem, os superdotados experimentam os extremos, "gangorras emocionais", da euforia à depressão. Por exemplo, quando envolvidos em algum propósito em que veem sentido, podem se sentir plenos e, ao vivenciar momentos difíceis, podem chegar ao fundo do poço e ter ideações suicidas.

- *Problemas de sono*

A hiperatividade mental dificulta o relaxamento da mente e o controle do estresse. A insônia, apesar da vontade de dormir e do extremo cansaço, assim como pesadelos constantes e recorrentes também podem ser expressões da superdotação.[52]

- *Hipersensibilidades*

Reações raras a fármacos, hipersensibilidade como a visual (fotofobia), tátil, auditiva ou olfativa, que em algumas pessoas desencadeia fortes enxaquecas e até vertigem, podem ser parte do funcionamento natural de um talentoso, dado que convivem com hiper-receptividade e sobre-excitabilidade típicas.

- *Vícios e compulsões*

Como com as hipersensibilidades e os problemas de sono, os casos de vícios e compulsões podem ter origem no comportamento dos superdotados em desequilíbrio. Para as pessoas com alta capacidade é tão difícil

[52] CHACÓN, *op. cit.*, p. 144

relaxar suas mentes aceleradas que decidem fazer uso de álcool e drogas para "desligar". Em outros casos, desenvolvem compulsões, por exemplo, por comida e por sexo, que podem evoluir para distúrbios, como a obesidade e a violência.[53] Certamente, não só a superdotação, mas também o contexto familiar e social, podem favorecer essas dependências.[54]

DUPLA EXCEPCIONALIDADE

É importante destacar que certos diagnósticos de distúrbios ou outras condições tidas como incompatíveis com altas capacidades, na verdade, não são de todo excludentes. Os graus mais leves do Transtorno do Espectro do Autismo (TEA), como a Síndrome de Asperger, os Transtornos de Aprendizagem (TA), como a dislexia, e o Transtorno do Déficit de Atenção, com ou sem Hiperatividade (TDA e TDAH) são as combinações mais clássicas e estudadas. Esses casos são comumente chamados de Dupla Excepcionalidade (termo abreviado como "2e").[55]

Luciane, 38 anos, pedagoga brasileira

"Sou muito sensível às luzes, eu nunca gostei de sol. E ficava mal por causa de barulho, eu tinha muita dor de cabeça desde a infância, mas minha mãe achava que eu tinha puxado meu pai e suas enxaquecas.

[...]

Eu sempre tive muita dor de cabeça quando precisava estar com muita gente. Mas, como moro sozinha, eu chegava do trabalho e ficava em silêncio, num lugar sem muita iluminação, e eu sempre me recuperava. Mas em setembro de 2019, eu não estava mais conseguindo me recuperar. Eu tinha mudado de setor e passei a trabalhar em ambientes que envolviam bastantes professores e muita gente. Tive alguns episódios de não conseguir ouvir nada e me lembro que eu estava ficando mal de quase desmaiar, com dores de cabeça muito fortes.

[...]

53 FOUSSIER, *op. cit.*, p. 147.

54 MESSAS, Guilherme Peres. A participação da genética nas dependências químicas. **Braz. J. Psychiatry**, v. 21, suppl 2, out. 1999. Disponível em: https://doi.org/10.1590/S1516-44461999000600010

55 ARANTES-BRERO, *op. cit.*, p. 24.

Minha mãe conta que, na minha infância, quando tinha visita em casa, teve episódios de eu colocar a mão no ouvido e chorar, querendo que as pessoas fossem embora. Eu lembro que teve uma vez que desmaiei na escola... Daí fizeram um check-up bem completo em mim e chegaram à conclusão de que eu devia evitar lugares barulhentos.

[...]

Eu nunca fui de ter muitos amigos, e para os mais próximos, eu sempre disse que não precisa me convidar pra festa. Eu evitei todos os casamentos e festas que pude. Quando eu não conseguia escapar, eu me organizava pra ficar pouco tempo. Às vezes, eu entrava em crise mesmo, de chorar! Porque eu não queria e não conseguia sair da situação.

[...]

Um dia, numa esteticista, quando eu disse que não queria música e contei da minha sensibilidade auditiva, ela sugeriu que eu fizesse uma avaliação para autismo porque o marido e o filho dela tinham autismo e eles também eram muito sensíveis a barulho. Isso foi na metade de 2019. Mas como eu fui ficando muito pior a ponto do semáforo me fazer mal, eu decidi ir numa psicóloga especialista em autismo aqui em Curitiba.

[...]

Eu fiz avaliações, mas pelos resultados só dava para observar talvez um autismo leve. Daí ela me encaminhou para uma terapeuta ocupacional com quem fiz outros testes e deu que eu tinha evidências clínicas de transtorno do processamento sensorial ou hiper-responsividade. De tudo: auditiva, olfativa, visual, tátil, gustativa...

[...]

Desde criança sempre tirei etiqueta de tudo. Eu tinha muita coceira na infância, nas pernas, nos braços, de tirar sangue. Mas os médicos sempre acharam que era alguma alergia. Eu só passava uns cremes. E eu ainda tenho seletividade alimentar, só comecei a comer alguns alimentos com 15 anos. Também sempre tive o sono sensível. Sofri por anos, fiz tratamento... Fui numa terapeuta do sono, porque eu estava tendo sonhos repetitivos.

[...]

Então o autismo fez muito sentido na época. Até porque sempre gostei muito de ler, sou mais introspectiva... Mas a psicóloga disse que não sabia se a introspecção era por causa da sensibilidade auditiva, e que eu devia fazer um acompanhamento pra ver.

[...]

Em 2020, em abril, conversei com uma amiga psicopedagoga, que atende crianças com autismo e com altas habilidades, e ela me falou da superdotação porque algumas crianças com altas habilidades também tinham hipersensibilidade auditiva, não podiam nem ouvir o folhear de um livro. E sugeriu que eu investigasse.

[...]

Um mês depois, em maio, eu entrei em contato com uma psicóloga especializada em altas habilidades/superdotação de Guarapuava (PR) e começamos os testes [que confirmaram a superdotação].

[...]

O que eu tinha mais pressa era a questão da minha saúde, aí eu comprei um fone de ouvido com cancelamento de ruído. Esse aqui salva muito minha vida. Em ambientes mais discretos, eu coloco esse outro, que fica dentro do ouvido, ele também tem um bom cancelamento de ruído. E pra visual, eu comprei essa lente, ela acopla no meu óculos, e ela tira brilho de tudo. Eu uso pra dirigir à noite pro semáforo e pros faróis não me incomodarem".

Laura, 39 anos, brasileira, professora de alemão

"Eu tenho essa questão da hipersensibilidade, mas isso não significa que eu seja bipolar. Mas eu cheguei a ser diagnosticada como bipolar, num processo de depressão que eu passei. Cheguei a tomar medicamento, que o médico inclusive falou que ia ser pra sempre.

[...]

Eu acho que eu tive um momento ruim da minha vida, em que eu provavelmente precisava mesmo daquela medicação, ou aquela medicação foi uma solução pro problema na época. Mas eu acho que eu 'estava' doente, eu não acho que eu 'era' doente, porque a bipolaridade é uma doença crônica que te acompanha pro resto da vida. A pessoa tem episódios de mania, ela perde o contato com a realidade – o que não era meu caso. Por isso eu parei de tomar o remédio, um pouco contra os médicos, mas eu consegui me manter assim.

[...]

Depois de uns sete anos, eu tive outro processo depressivo importante e precisei ser medicada de novo. O diagnóstico que me deram naquela ocasião foi transtorno de personalidade histriônica... Não concordo também! Porque transtorno de humor e transtorno de personalidade são doenças muito sérias, e elas comprometem o funcionamento da pessoa em todos os âmbitos.

[...]

Em algum momento eu entendi – e isso foi muito importante pra mim – a diferença entre ter determinadas características e ter uma patologia. Eu entendia que eu tinha características que eram fortes, que eram marcantes e que podiam ser lidas por um psiquiatra como um transtorno de personalidade, ou alguma coisa séria nesse sentido. Mas eu entendi, dentro dessas características, eu não tinha uma dificuldade de lidar com a vida. Eu trabalhava, eu me mantinha, eu mudava de um país pro outro, eu fiz mestrado, eu pedi demissão não sei quantas vezes, eu fui casada, eu tive e tenho muitos amigos...

[...]

A partir disso, eu comecei a entender, na minha cabeça, que eu era doida, mas eu não era doente. E que não tinha problema ser doida. Tem um monte de filósofo, um monte de escritor que era gente doida de pedra e não era doente. Então, eu me assentei nesse 'diagnóstico': eu sou assim porque eu sou doida, mas eu estou bem de saúde, está tudo certo, estou vivendo minha vida aqui desse jeito que eu escolhi. E aí quando eu passei pelo processo de identificação, eu pensei: 'Gente, então eu não sou doida. Olha que interessante!'

[...]

Eu tive que entender também que a superdotação era um traço de personalidade muito importante, não era um detalhe. E que isso influi na forma que eu faço todas as coisas. Influi na forma que eu trabalho, que eu me relaciono, que eu sinto, que eu me interesso pelas coisas. Até hoje [quatro anos depois da identificação] eu estou um pouco nesse processo, até hoje eu estou aprendendo isso.

[...]

Eu entendo inclusive que os processos depressivos que eu tive não foram causados pela superdotação, mas eles tiveram possivelmente a profundidade que tiveram por causa da minha forma de ver o mundo. Não está errada a minha forma de ver o mundo, mas eu vou sentir o tombo mais forte. E vou sentir alegria também em um nível que as outras pessoas provavelmente não vão sentir".

Ao ouvir histórias de pessoas que só foram identificadas como superdotadas na fase adulta, depois de uma série de diagnósticos e tratamentos equivocados, salta aos olhos como a nossa sociedade segue sujeita a uma visão clínica e medicalizada da diversidade humana. Faz pensar em Machado de Assis, em sua obra *O Alienista*. Neste clássico da literatura brasileira, quase todos os moradores da fictícia cidade de Itaguaí terminam internados no hospital psiquiátrico Casa Verde, criado pelo protagonista, o médico Dr. Simão Bacamarte.

A narrativa evidencia de forma tragicômica uma certa compulsão em categorizar como "patologia" comportamentos que não se enquadrem exatamente no chamado "normal". Mesmo tendo sido lançado em 1882, o livro propõe uma rica reflexão entre o que se considera normalidade e loucura, que segue extremamente atual – e lúcida –, o que só reafirma a genialidade do escritor.

DE OLHOS BEM ABERTOS

Sem a pretensão de esgotar o assunto, buscou-se apresentar aqui as características comumente marcantes (e alguns desafios) na ampla gama de traços de personalidade associados às pessoas com altas habilidades. As teorias já consagradas sobre essa questão, você vai conhecer nos próximos capítulos.

RAIO X

Para resumir e reforçar, lembre-se de que as pessoas com altas habilidades são singulares em:

- sua forma de pensar (processamento acelerado, inter-relacionando questões de áreas diferentes);
- sua maneira de sentir, perceber, compreender e analisar o mundo;
- sua originalidade para resolver problemas;
- sua extraordinária rapidez para aprender;
- seu sobressalente poder de concentração;
- sua excepcional capacidade de memória;
- sua extrema facilidade de aprendizado, mas não necessariamente em tudo (é natural que tenham dificuldade em determinadas áreas);
- sua sensibilidade superlativa;
- sua empatia exacerbada;
- sua sede incontrolável por novidades e saberes em profundidade;
- sua receptividade emocional intensa a respeito do seu entorno e dos outros;
- sua necessidade incessante de questionar tudo sempre até chegar ao cerne da questão;
- sua lucidez aguçada que poucas vezes os deixa em paz;
- seu senso moral aguçado, marcado pelo idealismo e pela intolerância à injustiça;
- sua incomparável capacidade de automatizar tarefas mais simples, liberando energia do cérebro para trabalhar questões mais complexas;
- sua busca incessante em enxergar sentido no que realizam;
- sua marcada consciência da finitude da vida.

Conhecer esse quadro pode ajudar as pessoas que ainda não foram identificadas – e seus familiares, amigos e colegas – a reconhecerem que algumas das suas dificuldades pessoais, idiossincrasias e "estranhezas" talvez sejam, na verdade, marcadores de altas habilidades. Ademais, estar atento a todos esses aspectos dá aos profissionais da educação ou da saúde a possibilidade de identificar particularidades indicativas de superdotação, em vez de diagnosticá-las (e tratá-las) como doenças.

Confusões entre características comportamentais atípicas e sintomas patológicos, entre inteligência acima da média e resultados brilhantes, e outras incompreensões graves podem ser devastadoras para a vida das pessoas de alto potencial. Quando confrontado com questões profundas durante a vida, o superdotado pode chegar a "anular" suas altas habilidades e terminar privado do direito à própria identidade, além de impossibilitado de utilizar sua inteligência em seu benefício e da sociedade – o que os especialistas chamam de "inibição intelectual".

Como destaca Denise Arantes-Brero,[56] "se a sociedade ignora essa parcela da população, perde 'líderes criativos nas ciências, nas artes, na política, possivelmente recebendo em seu lugar indivíduos frustrados e por vezes desistentes da escola, da comunidade, da atividade pública, enfim, da vida em si' (LANDAU, 2002, p. 27)".

CARACTERÍSTICAS DOMINANTES x POSSÍVEIS DESAFIOS

O quadro a seguir busca sistematizar os principais traços de personalidade dos mais capazes, relacionando-os aos desafios que podem surgir em função deles. As informações sistematizadas a seguir refletem conteúdos deste capítulo e introduzem questões tratadas ao longo dos próximos capítulos.

CARACTERÍSTICAS DOMINANTES	POSSÍVEIS DESAFIOS
Elevada capacidade ou incomum capacidade para resolução de problemas, bem como processamento de informações e poder de abstrair e sintetizar.	Dificuldade de lidar com a rotina, irrita-se mais facilmente ao ser interrompido e questionam muito os procedimentos estandardizados.
Buscam fortemente a compreensão das relações de causa e efeito das coisas.	Não gostam de obscuridades, situações sem explicação ou mal explicadas, assim como ideais sem demonstrações lógicas ou racionais.
Normalmente buscam ênfase na verdade e detêm preocupações mais elevadas, tal como são seus padrões éticos.	Acreditam (ou pelo menos esperam) que todas as pessoas tenham condutas moral e eticamente corretas. Podem ser muito combativos quando percebem que isso não acontece.

[56] ARANTES-BRERO, *op. cit.*, p. 20.

CARACTERÍSTICAS DOMINANTES	POSSÍVEIS DESAFIOS
Têm facilidade de aprender e colocar os novos conhecimentos em prática, muitas vezes de forma inovadora.	Como aprendem rápido e executam muitas tarefas rapidamente, espera-se – erroneamente – que sua performance seja sempre excelente em tudo.
Agilidade de raciocínio, capacidade elevada de compreensão e retenção de conhecimento.	Podem se tornar impacientes com o ritmo dos outros, com atividades rotineiras (que não representem um mínimo de desafio) ou atividades que não sejam de seu interesse.
Apresentam automotivação genuína, costumam ter muitos interesses diversos e notória curiosidade intelectual.	É possível que tenham dificuldades com tarefas em grupo, com resistência a receber orientações. Têm muita energia e empreendem muitos projetos ao mesmo tempo, o que pode lhes dificultar a administração destes.
Tendem a ser muito questionadores e costumam querer chegar ao cerne da questão.	Por suas perguntas desafiadoras em relação a padrões estabelecidos podem causar desconforto e ser vistos como indesejáveis.
São intrinsecamente curiosos. Têm um apetite inesgotável por aprender, experimentar e viver coisas novas.	Costumam ter dificuldade para relaxar a mente, podendo buscar o uso de álcool e drogas para reduzir o ritmo dos seus pensamentos.
Têm uma tendência para emitir opiniões relativas à organização e funcionamento das coisas, bem como do comportamento das pessoas.	Podem ser muito críticos a respeito de tudo e todos, inclusive e principalmente de si mesmos. Também podem construir regras muito complexas e serem entendidos como "mandões" ou autoritários.
Costumam ser muito intuitivos, pois captam maior número de informações do meio e das pessoas, por meio de todos seus sentidos, processam tudo rapidamente.	É comum que suas conclusões sejam desacreditadas pelos demais porque não conseguem explicar suas linhas de raciocínio.

CARACTERÍSTICAS DOMINANTES	POSSÍVEIS DESAFIOS
Geralmente são hipersensíveis e podem antecipar o que está por vir.	Precisam lidar com um excesso de informação e de interferência emocional, a chamada sobre-excitabilidade. Sofrem de ansiedade quando percebem algo por acontecer e não encontram o que fazer para impedir que aconteça.
Normalmente detêm um vocabulário avançado, empregando-o de maneira apropriada, com riqueza e boa proficiência verbal/argumentativa. Gostam de usar as palavras com precisão.	É possível que empreguem palavras eruditas e seu poder de argumentação para manipular e para se esquivar de situações indesejáveis.
Possuem grandes expectativas para si, mas também para os outros.	Podem se tornar intolerantes, perfeccionistas e algumas vezes deprimidos.
Apresentam muita criatividade e inventividade, apreciando formas diferentes de fazer as coisas.	Correm o risco de cair facilmente no tédio, se não se sentirem desafiados. Podem transparecer que são divergentes demais ou distantes do ritmo dos outros.
Possuem uma capacidade intensa de concentração, elevado poder atencional e maior persistência e dedicação em áreas de interesse.	Por ficarem muito absortos em uma tarefa, podem negligenciar obrigações importantes, resistindo a interrupções e manifestando insubordinação. Costumam receber rótulos de "desligados" e de "viver no mundo da Lua".
Apresentam empatia pelas pessoas, ao mesmo tempo que evidenciam o natural desejo de aprovação e aceitação no meio de convívio.	Maior susceptibilidade a críticas e rejeição, podendo sentir-se como diferentes e isolados. Alguns estudos apontam para propensão à depressão e também citam suicídio.
Detêm elevado nível de energia e muita velocidade de processamento de pensamento.	Podem manifestar frustração com a ausência de progresso em seu meio e podem ser vistos erroneamente como hiperativos.
Buscam por um sentido maior nas coisas que fazem e na vida que levam.	Têm extrema dificuldade de trabalhar para causas nas quais não acreditem, mesmo que a função envolva boa remuneração.

CARACTERÍSTICAS DOMINANTES	POSSÍVEIS DESAFIOS
Elevado nível de independência, muita confiança em si, bom autoconceito em função de seus potenciais e têm preferência por atividades individuais.	É possível que rejeitem as opiniões dos pais, amigos e colegas de trabalho e manifestem inconformismo incomum. Quando se sentem incompreendidos, questionam suas capacidades e se retraem.
Demonstram amplo espectro de interesses e habilidades, com notável versatilidade para atuar em várias frentes ao mesmo tempo, para mudar de um tema a outro e para inter-relacionar essas áreas de conhecimento.	Com essa característica, pode transparecer que são dispersivos e desorganizados. Podem se sentir frustrados pela falta de tempo e manter expectativas elevadas com relação a sua competência.
Vivem e sentem suas emoções de forma muito intensa.	Muitas vezes não conseguem conter as emoções e transbordam, sendo vistos como "exagerados", "chorões" e "melodramáticos". Algumas das suas características emocionais costumam ser mal interpretadas como sintomas de transtornos mentais ou doenças.
Revelam maior sensibilidade diante de injustiças pessoais e sociais; sendo adeptos da verdade, igualdade e sinceridade.	Podem se esforçar em reformas com ideais inalcançáveis e sofrer muito com a preocupação e frustração por não resolver os problemas humanos e sociais.
Apresentam senso de humor incomum e sofisticado, o que pode pendular entre a gentileza e a hostilidade.	Pode haver algum prejuízo nas relações sociais quando seu estilo de humor se mostra desencaixado ou não inteligível pelos pares. O superdotado às vezes encontra no papel de "palhaço da turma" seu lugar em grupo.
Mantêm por toda a vida o encantamento da criança pela novidade e pelo mundo.	Sua alta energia e excitação pela vida podem incomodar aqueles que se deixam envelhecer mentalmente.

Quadro inspirado na tabela "Características Dominantes x Possíveis Problemas" proposta inicialmente por Clark (1992) e posteriormente modificada por Maria Lúcia Sabatella (2013).[57] Adaptado e complementado pelas autoras do livro, para refletir a realidade do adulto superdotado.

---

[57] CLARK, Barbara. **Growing up gifted**: developing the potential of children at home and at school. New York, USA: MacMilan Publishing Company, 1992.
SABATELLA, Maria Lúcia. **Talento e superdotação**: problema ou solução. Curitiba: Intersaberes, 2013.

CAPÍTULO 2

QUAIS SÃO OS MECANISMOS PARA A IDENTIFICAÇÃO DA SUPERDOTAÇÃO EM QUALQUER IDADE?

Por muito tempo, a identificação da superdotação esteve muito atrelada aos resultados dos testes de QI (Quociente de Inteligência). Mas, com os avanços conceituais ao longo do século passado, um único índice de inteligência cognitiva total – medido pelos testes psicométricos – deixou de ser suficiente para a identificação das pessoas de alto potencial.

No século XXI, a superdotação passou a ser entendida como um fenômeno multidimensional, que abrange também elementos como criatividade, liderança, motivação, psicomotricidade, habilidades artísticas e socioemocionais. E esses aspectos não são de menor importância.

Diante dessa complexidade e falta de unanimidade entre as linhas conceituais, as terminologias e, naturalmente, as estatísticas a respeito do fenômeno (como destacado desde a introdução deste livro), a avaliação das altas habilidades tem sido um desafio para pesquisadores e psicometristas. Ainda são poucos os instrumentos que refletem as formas recentes de se pensar a superdotação e o desenvolvimento de talentos e cada qual está atrelado a uma linha conceitual específica.

Os testes psicométricos de QI, por sua vez, continuam sendo usados, com a grande diferença de que hoje apenas o resultado dele não será a resposta. Reconhecer uma pessoa superdotada envolve, atualmente, medição e avaliação de escalas de características psicossociais e de capacidade cognitiva, questionários sobre personalidade, análise do histórico de vida, observação do comportamento, entrevistas com a família, avaliação de professores e colegas.

Para se chegar à identificação leva-se cerca de um mês, ou mais, e envolve quase sempre maior investimento, porque depende de um profissional especializado no tema, quem irá compor o relatório final. Fazer os testes de forma particularizada não é barato, mas pode evitar muitas frustrações, perda de tempo e dinheiro com diagnósticos equivocados.

"Até os psicólogos que trabalham com a gente dizem: é 10 anos de terapia em um. Parece que [o entendimento da sua condição] preenche a pessoa. Porque o adulto entende muito rápido, justamente por essa capacidade intelectual e velocidade de processamento que tem", explica Maria Lúcia Sabatella, uma das pioneiras nos estudos sobre superdotação no Brasil, mãe de três superdotados e fundadora do Instituto para Otimização da Aprendizagem (INODAP), criado para atender e apoiar esse público.

Não se trata, portanto, de obter um "título". O rótulo por si só não tem nenhuma serventia. Pelo contrário, rótulos e títulos geram expectativas que podem complicar ainda mais a situação, que já é complexa. E, em geral, essas pessoas já acumulam uma série deles, quase sempre pejorativos.

O reconhecimento deve ser parte de um processo maior: de autoconhecimento, em qualquer idade, e de um planejamento educacional, no caso dos menores. A descoberta da superdotação ajuda a entender a si mesmo e, diante disso, a compreender melhor os outros.

É como uma porta que se abre. Mas, para descobrir as possibilidades que estão do outro lado, é preciso atravessá-la. E para que essa travessia seja mais proveitosa e positiva é altamente recomendável que se conte com acompanhamento adequado.

Quando uma avaliação é bem-feita, ela não se resume a saber no final se alguém é superdotado ou quanto tem de QI. Representa um processo de autoconhecimento. A pessoa recebe um relatório consistente apontando suas fortalezas e suas fraquezas. Recebe, ainda, sugestões para explorar e investir em determinados aspectos, de forma a alcançar um melhor equilíbrio pessoal.

Luciane, 38 anos, pedagoga brasileira

"Em maio de 2020 eu entrei em contato com uma psicóloga especializada aqui de Curitiba e começamos os testes. Ela aplicou vários instrumentos: indicadores de sobre-excitabilidades nas altas habilidades e superdotação, questionário de indicadores de inteligências, questionários de competência da inteligência emocional, entrevista, exame psicológico, observação e análise de produções (compartilhei material que eu produzo no trabalho, mandei produções artesanais, só não consegui mandar nada dos instrumentos musicais que toco porque não tinha nada gravado).

[...]

Daí saiu o resultado: 90 e poucos por cento que eu teria, sim, altas habilidades. Ela fez um relatório bem completo, de 12 páginas. E eu fiquei muito chocada porque conseguiu pegar tanta coisa sobre mim, acertou até nas recomendações.

[...]

Vou ler um trecho do relatório pra você: 'Com base nos resultados e na análise, conclui-se que Luciane Fabiane dos Santos possui condição de altas habilidades/superdotação do tipo acadêmico intelectual, na área linguística e na área de liderança, tendo também talentos em arte.' Ela vai explicando tudo, tem bem bonitinho todas as escalas. No final fala, como conclusão, que 'apresenta um elevado potencial intelectual se destacando na área linguística com predomínio de raciocínio lógico e objetivo, com engajamento, minuciosidade, e persistência na busca de respostas e solução de problemas'. Daí nas 'Recomendações' diz: 'Os instrumentos sugerem que a área interpessoal pode ser mais bem desenvolvida. Esta área é fundamental para se chegar à excelência dos talentos em geral, bem como desenvolver outros talentos'. Foi onde tive menor pontuação, em gestão de relacionamentos e em inteligência interpessoal.

[...]

[Mesmo com este extenso relatório] é difícil aceitar! Eu acho que eu sou uma pessoa esforçada, então é difícil eu me enxergar como alguém que tem superdotação. Eu não me acho superinteligente, não. Eu acho que eu sou esforçada, se eu quero, eu vou e eu faço. Pra mim sempre foi muito fácil me engajar e persistir em alguma coisa. Eu descobri que nas altas habilidades é muito comum as pessoas terem esse nível de garra elevado, de perseverar e se motivar.

[...]

Depois, no fim do ano de 2020, eu fiz o teste de QI com outra profissional. Não era necessário, mas eu quis. Minha média foi 115 e em linguística 130. Tradicionalmente, um QI 115 é classificado como 'médio superior', e não como 'superdotação'. Aí a psicóloga falou: 'Mas superdotação não é só QI. Uma pessoa com altas habilidades pode ter um QI menor que 130'.

[...]

Também fiz algumas avaliações na área de autismo. Ela me explicou cada item e porque foi descartado o autismo. A outra psicóloga também tinha descartado autismo. Não tem dupla condição, é só altas habilidades mesmo.

[...]

Fiz algumas sessões com a psicóloga pra processar algumas coisas até a hora que ela falou que não tinha mais como me ajudar. Mas, se eu tivesse alguma coisa pontual, procurasse por ela.

[...]

Não sinto que os superdotados são nem melhores, nem piores [que os outros]. São diferentes no pensar, no sentir, no agir. Sermos reconhecidos como pessoas diferentes pode não ser algo totalmente agradável, mas ajuda a diferenciar características de problemas. E encontrar mais conforto na própria forma de ser".

TESTE DE QI: OPÇÃO LIMITADA

"[O teste de QI] não é um teste para superdotação, mas a gente usa porque não tem outro e é validado pelo Conselho Federal de Psicologia. A leitura que a gente faz como avaliador tem que ser uma leitura diferenciada, muito mais adequada à superdotação", destacou em entrevista para este livro Maria Lúcia Sabatella.

A pesquisadora explica que os testes clínicos permitem diagnosticar se existem disfunções, por exemplo, no raciocínio, processamento de informação, retenção de conhecimento, reutilização de conceitos etc. Mais do que definir o "nível de inteligência" de alguém, esses testes psicométricos, hoje, procuram mostrar como a inteligência se expressa, traçando um perfil cognitivo de como a informação é apreendida e utilizada pela pessoa avaliada.

Grosso modo, o resultado é dado pela comparação entre a idade intelectual, aferida na prova, e a idade cronológica, em que 100% (ou simplesmente 100) significa idade intelectual e cronológica iguais. Isso porque, para cada idade cronológica existe uma "idade intelectual" esperada, baseada no desempenho observado na maior parte das pessoas. As pontuações alcançadas na prova são, portanto, comparadas com os resultados obtidos habitualmente por outras pessoas da mesma idade. Se uma criança de 8 anos alcança uma pontuação esperada para sua faixa etária, ela tem 100 de QI, por exemplo. Se demonstra uma idade intelectual de 6 anos, seu QI equivale a 75. Se seu desempenho fica equiparado a alguém de 10 anos, seu QI é de 125.

Historicamente, dois terços da população ficam entre os QIs 85 e 115, e isso é dado como o "normal" ou padrão. Entre 115 e 130, considera-se intelecto médio superior. Acima de 130, superior. Nos adultos, essa medição é mais difícil de aferir, porque não existem marcadas diferenças evolutivas entre as idades, como na infância.

Os principais testes de inteligência "padrão ouro mundial" são as escalas de Wechsler e as matrizes de Raven. As matrizes de Raven foram desenvolvidas pelo inglês John Carlyle Raven (1902-1970), na Universidade de Dumfries, Escócia, a partir de 1938. Têm uma versão infantil (Matrizes Progressivas Coloridas de Raven) que pode ser aplicada também em idosos e deficientes intelectuais, e duas opções para jovens e adultos: Matrizes Avançadas de Raven e Matrizes Progressivas Avançadas de Raven.

As escalas de Wechsler, por sua vez, foram criadas pelo psicólogo romeno-estadunidense David Wechsler (1896-1981). A Escala de Inteligência Wechsler para Adultos, conhecida pela sigla em inglês WAIS, foi lançada em 1955, e está atualmente na sua quarta versão. Já o teste dirigido a crianças, chamado WISC (da sigla em inglês para Escala de Inteligência Wechsler para Crianças), foi apresentado ao mercado em 1949 e atualmente está na sua quinta edição – no Brasil ainda se utiliza a quarta versão, pois é a última a ter sido traduzida e validada aqui.

O WAIS é composto de 11 provas essenciais e três opcionais, todas elas agrupadas em duas categorias: a escala verbal e a de rendimento. As provas da escala verbal (QI Verbal) estão mais relacionadas à chamada "inteligência cristalizada", que seria a habilidade de aplicar definições, métodos e procedimentos, previamente aprendidos, para a solução de problemas. Fazem referência à bagagem intelectual de cada um, fruto das suas experiências culturais e educacionais. Já as provas de rendimento (QI de Execução) trabalham a "inteligência fluida", ou seja, a habilidade de pensar de forma abstrata e de criar estratégias cognitivas para resolver problemas inéditos. Envolvem raciocínio lógico e intuitivo. O resultado final é chamado QI Total.

Outra opção da mesma família de instrumentos é a Escala Wechsler Abreviada de Inteligência, conhecida como WASI, que se aplica a todas as faixas etárias de 6 a 89 anos. Lançada em 1999, já não contou com o envolvimento de David Weschler na sua composição, e é uma ferramenta *express*, como o nome sugere. Está desenhada para levar 30 minutos, e esse tempo ainda pode ser reduzido pela metade para avaliar somente o QI Total. Traz tabelas com estimativas dos resultados correspondentes nas outras duas escalas, WISC-IV e WAIS-III (os números romanos representam a versão de cada escala).

Na sua prática como psicóloga, Denise Brero, utiliza essas opções de teste, mas nunca para por aí. Procura capturar a história de vida da pessoa e entender a trajetória dela usando outros instrumentos para fazer o mapeamento. "Eu utilizo, por exemplo, o instrumento da Susana Pérez Barrera como um referencial. Eu não considero só o QI, porque a gente tem uma infinidade de competências humanas que não são avaliadas pelos testes de inteligência. O esporte, a música, a dança, as artes, a liderança são outras habilidades que não necessariamente serão capturadas pelos testes de QI", ponderou em entrevista para este livro. Recentemente, ao avaliar um rapaz "brilhante na música", encontrou-se com um resultado que estava abaixo dos clássicos e esperados 130 pontos, mas isso não impediu a confirmação da sua superdotação.

VISÃO 360 GRAUS

Por demandar uma visão mais ampla do indivíduo, muito além do seu quociente de inteligência (QI), o reconhecimento das altas habilidades envolve, hoje, diferentes instrumentos, usados de forma complementar. Como mencionado, essa bateria de avaliações engloba também aspectos comportamentais, características pessoais, história de vida, análise da produtividade, questionários respondidos por terceiros.

Cada ferramenta permite analisar diferentes dimensões do indivíduo, assim como questões extras, como patologias e condições que possam estar associadas – excluindo ou confirmando depressão, Transtorno do Déficit de Atenção com Hiperatividade (TDAH), autismo ou qual seja a questão que a pessoa analisada estiver trazendo. Um escore de QI que indique ausência de superdotação, além de não ser uma resposta definitiva, pode ter sido mascarado por uma depressão, crise de ansiedade ou medicação que não permitiu o desempenho pleno da pessoa testada.

No Brasil, o Sistema de Avaliação de Testes Psicológicos (SATEPSI), criado em 2003 pelo Conselho Federal de Psicologia (CFP),[58] é responsável pela validação de instrumentos de avaliação ou mensuração de características psicológicas, tanto de uso exclusivo dos psicólogos como daqueles que podem ser utilizados por outras classes profissionais. Para serem aprovadas, as ferramentas precisam cumprir vários requisitos técnicos, como comprovar sua qualidade e eficácia por meio de estudos científicos.

São extensas as listas de instrumentos "favoráveis" – ou seja, aqueles que podem ser usados na prática profissional – e também dos "desfavoráveis", que não foram aprovados ou que estão com o prazo de validade expirado. Entre eles estão testes de inteligência e de aprendizagem; instrumentos para análise da personalidade, de condutas sociais, de crenças/valores/atitudes, do desenvolvimento, de habilidades/competências, de interesses/motivações/

[58] Sistema de Avaliação de Testes Psicológicos (SATEPSI): https://satepsi.cfp.org.br/

necessidades/expectativas, de processos afetivos/emocionais, de processos neuropsicológicos, de processos perceptivos/cognitivos, de psicopatologias; e técnicas projetivas. A lista pode ser encontrada no site satepsi.cfp.org.br e é regularmente atualizada, já que a validação expira após 20 anos.

As escalas de Wechsler e as matrizes de Raven estão lá. Mas nem todos os testes listados pelo SATEPSI servem para embasar a identificação de altas habilidades. E mais importante ainda: alguns instrumentos especificamente pensados para a identificação da superdotação não constam das listas do sistema, embora estejam consolidados pelo crivo de especialistas e por anos de uso. Os principais ausentes são os questionários criados pelas pesquisadoras brasileiras Cristina Delou e Zenita Guenther, voltados para a identificação de estudantes, e os desenvolvidos pela uruguaia Susana Pérez Barrera, quando morava no Brasil, voltados para o público infantojuvenil e para os adultos.

O primeiro material nessa linha a entrar para a lista do SATEPSI, no ano de 2021, é o instrumento de Triagem de Indicadores de Altas Habilidades/ Superdotação (TIAS/H), desenvolvido por Tatiana Nakano, especializada na área. Voltada para professores e demais profissionais da educação, é uma ferramenta de aplicação rápida e coletiva para sondar grupos de alunos. A partir de seus resultados é possível nomear os estudantes com marcadores de altas habilidades.

Embora sejam considerados como uma avaliação mais subjetiva por alguns pesquisadores, os questionários respondidos por terceiros têm se mostrado muito importantes. Funcionam como filtro inicial, quando preenchidos por professores, e como fator de ajuste da percepção diminuída que o superdotado pode ter de si, quando respondidos pelo círculo social do adulto.

Várias fontes de informação permitem uma visão mais integral da pessoa avaliada, mas não bastam para a identificação. A avaliação final deverá ser dada após um trabalho mais completo, realizado por psicólogo ou outro profissional especializado no tema.

O TIAH/S funciona de forma semelhante ao "Guia de Observação Direta em Sala de Aula", de Guenther, e à "Lista Base de Indicadores de Superdotação – parâmetros para observação de alunos em sala de aula", de Delou. Neles, diferentes professores apontam os alunos que se destacam quanto à liderança, facilidade de aprendizagem, criatividade, precocidade, autonomia, entre outros elementos. Também são destacados aqueles estudantes que apresentem desempenho superior em diferentes matérias. Além disso, são feitas avaliações individuais de comportamento para cada estudante.

O trabalho idealizado por Zenita Guenther e implementado por meio dos Centros para Desenvolvimento do Potencial e Talento – CEDET (descrito em mais detalhes no capítulo 6), está bastante calcado nessa peneira formada pelo entrelaçamento das percepções de diferentes professores sobre os alunos. Para Guenther, esse processo longitudinal – que pode levar mais de um ano letivo – é muito vantajoso por se basear em acontecimentos reais, observação contínua, direta e sistemática, nas diversas situações de ação, produção e desempenho em que a criança está envolvida.[59]

O material de autoria de Susana Pérez Barrera, por sua vez, conta com uma variedade de questionários e listas para identificação que atendem diferentes faixas etárias. Para a análise de estudantes, há instrumentos que devem ser respondidos por professores, pais ou responsáveis e até pelos colegas.

Para os adultos, existem duas versões do "Questionário de Identificação para Indicadores de AH/SD" (QIIAHSD-Adulto), uma dirigida para a própria pessoa e outra para uma segunda fonte, seja familiar, amigo próximo ou colega de trabalho. Foram publicadas pela primeira vez em 2010. Dois anos depois passaram por uma revisão, e em 2016 ganharam um manual técnico. Para reconhecer uma pessoa superdotada, ainda são consideradas informações da sua biografia, da sua produção e de diferentes testes que pareçam pertinentes em cada caso.

Nesta mesma linha encontra-se a *Qualitative Evaluation of Giftedness* – QEGI (Avaliação Qualitativa de Superdotação), desenvolvida pela equipe do *Cabinet Hi-Mind*, em colaboração com pesquisadores na área de alto potencial intelectual e especialistas em testes psicométricos. Criada em 2013, na Suíça, a QEGI é aplicada pela equipe multidisciplinar do Hi-Mind, centro de atendimento ao superdotado, fundado por uma das autoras deste livro, Sophie Prignon, com sede em Lausanne e escritórios em Genebra, Zurique, Fribourg, Neuchâtel e Sion. Foi desenhada especificamente para a identificação das pessoas de alto potencial, e está disponível em duas

[59] GUENTHER, Zenita C. Quem são os alunos dotados? Reconhecer dotação e talento na escola. *In*: MOREIRA, Laura Ceretta; STOLTZ, Tania (eds.). **Altas habilidades**: superdotação, talento, dotação e educação. Curitiba: Juruá, 2012. p. 63-83.

versões: uma para ser aplicada por psicólogos e uma para aplicação por *coaches*, profissionais da educação, de recursos humanos ou outros, com especialização em altas habilidades.

A QEGI busca obter uma perspectiva ampla da pessoa, de forma que se possa enxergá-la na sua totalidade: emocionalmente, socialmente, sua história de vida, experiências vividas, percurso escolar. Está baseada em aspectos clínicos e empíricos da superdotação, comprovados em pesquisas científicas. Inclui um questionário dirigido à família e/ou o meio social do avaliado, para contribuir no entendimento de sua infância, seu desenvolvimento, sua personalidade.

Independentemente do resultado da avaliação, esse duplo olhar, interno e externo, da QEGI tem se mostrado ademais uma ferramenta interessante para retratar a imagem que a pessoa avaliada tem de si mesma e poder compará-la com a imagem que sua família e/ou meio social tem dela. E esse aspecto está longe de ser algo menor para os mais capazes.

PERMISSÃO PARA SER O QUE SE É

"Como o superdotado é mais sensível e mais intenso, ele foi mal-entendido a vida toda. Por mais entendimento que tivesse, se ele não foi reconhecido, ele teve muita barreira", argumentou Maria Lúcia Sabatella em conversa para o livro. Muitas vezes, a pessoa mais capaz não entende por que algumas coisas aconteceram na sua vida, por exemplo, porque recebia determinado tratamento dos professores, porque não era tolerado pela própria mãe, porque sentia tanta diferenciação com seus irmãos e primos, porque era rotulado pela família ou pelos colegas da escola. "A pessoa vai carregando isso como se fossem estigmas da vida. Então na hora que ela começa a entender um pouquinho quais são as características da superdotação, muitas questões do seu comportamento são explicadas. Dá uma paz interna, sabe?", concluiu.

Ela defende que se fale das confusões entre diagnóstico e identificação das altas habilidades, para que as pessoas se sintam mais à vontade para buscar sua própria identidade e "venham para o seu lugar certo na vida". Segundo observa, há um crescimento considerável de adultos em busca da própria identidade. E trazer luz sobre o fenômeno da superdotação poderia significar "tirar da invisibilidade" milhares de pessoas que encobrem seus potenciais e sua personalidade para se encaixar aos padrões da sociedade.

O lançamento do livro *Altas Habilidades/Superdotação na Vida Adulta*[60], de Denise Brero, em 2020, confirma esta percepção. Segundo relato de Brero para este livro, a publicação da obra fez crescer a proporção de adultos para 80% dos atendimentos no seu consultório, invertendo esse percentual que antes era das crianças. "Os homens procuram avaliação, mas depois de identificados não querem cuidar disso, administram sozinhos. As mulheres já querem se compreender melhor depois de serem reconhecidas e acabam ficando mais em terapia", comentou.

Lucía, 26 anos, química uruguaia

"Eu acho que todos deveriam ter alguém para ajudar um pouco a ver que é superlindo o que temos. Depois de ser identificada, em 2021, aos 26 anos, eu passei por momentos de raiva, passei por momentos de 'preciso contar pra todo mundo poder me entender'. Mas vi que não ia conseguir nada com isso, porque seria como se um surdo explicasse o mundo para um cego. As pessoas nunca vão ver do modo que eu vejo, assim como eu não vou ver da forma que eles veem.

[...]

Mas algumas pessoas interpretaram como algo tão bom e me fizeram ver como isso somava tanto na minha vida e como eu tinha ajudado elas, graças à minha superdotação. Foi uma das coisas que me fez deixar a raiva e começar a buscar estímulos e oportunidades que não tive de criança no interior do Uruguai [hoje mora na capital, Montevidéu].

[...]

Acho superimportante que nos ponham em contato com gente que possa nos entender. Tem coisas que não dá pra explicar. Por isso os grupos de superdotados ajudam muito na fase de aceitação.

[...]

Meu processo de identificação foi muito longo, porque eu passei por quatro diagnósticos antes, a partir dos meus 20 anos. Começou com um "transtorno de ansiedade". Disseram que eu tinha isso, mas depois de uma única sessão com um psiquiatra passou a ser "transtorno obsessivo compulsivo". Para mim foi um pouco apressado. Eu realmente era uma pessoa com muitíssima ansiedade. Continuo sendo assim. Mas nunca tive essas compulsões. Eu lia o DSM 5 e não entendia porque me diagnosticaram com isso. Fui medicada e tudo o que sentia era que o remédio me deixava lenta. Mas só fisicamente lenta. Porque minha cabeça ia além do que eu podia controlar.

---

[60] ARANTES-BRERO, *op. cit.*

[...]

Então comecei a ter problemas na universidade, ficava entediada, dormia até nas provas. E o barulho dos vizinhos me distraía, porque tenho hipersensibilidade auditiva. Daí então: 'Bom, a Lucía tem déficit atencional'. Ou seja, TDAH. Me deram Ritalina. E eu sentia que até me ajudava a enfocar os pensamentos em uma coisa só. Mas perdia esse pensamento mais criativo e ramificado, do tipo árvore, que eu sempre tive, de ver muitas opções... Era como perder a espontaneidade. Eu não conseguia me expressar de forma mais profunda como antes. Sentia realmente que a medicação tirava parte de mim. E o diagnóstico não me convencia. Então parei de tomar Ritalina e continuei sendo a mesma de sempre.

[...]

Passei a pesquisar, fazer avaliações e me diagnosticaram com Síndrome de Asperger, há uns dois anos mais ou menos. Certas coisas fechavam, porque eu considero que as pessoas com TEA têm mesmo algumas coisas em comum com os superdotados. De tanto investigar o tema, acabei estudando para ser ajudante terapêutica especializada em TEA. E passei a fazer oficinas de arte com crianças autistas. E de tanto estudar, percebi que eu não era autista.

[...]

Eu tenho essa hipersensibilidade tátil, minha roupa tem que ter uma certa textura. Toda uma hipersensorialidade também emocional. Eu me emociono com sensações e com estímulos de todo tipo. Mas, sempre vi isso como algo ruim. E passar por cada diagnóstico era horrível, por causa disso. Eu chorava e chorava.

[...]

Eu não conseguia entender em que parte do espectro eu entrava, porque eu não me destacava só em uma área, não tinha interesses restritos, como as pessoas com TEA. Eu gosto de muitíssimas coisas... Esse é meu problema, eu gosto de tudo. [risos].

[...]

Minha busca não era por um título, uma etiqueta. Era uma busca atrás de algo que me convencesse, eu queria saber o que era que me acontecia. Queria entender por que as pessoas me tratavam diferente e porque eu me sentia diferente.

[...]

Eu sempre vou muito mal nas provas de QI. Não tem sentido o resultado tão baixo que dá. Mas quando me dão uma prova orientada a altas habilidades eu vou superbem. A pessoa pode fazer um teste de QI, ir mal e ficar com isso. Mas esses testes não avaliam nada, não avaliam vários outros tipos de inteligência. Quando colocam tempo pra mim o resultado é pior ainda, porque em um problema eu vejo cinco, seis, sete ou oito problemas, e não sei de qual deles estão me perguntando. Eu pego o mais difícil pra fazer e penso 'como pode ser tão fácil?'. Mas depois, não é a resposta que estão esperando. Então, minha pontuação fica ruim. Mas ter um QI médio não significa que não se tenha superdotação.

[...]

[Depois da identificação] digamos que tudo terminou de se encaixar. A partir daí foi um processo mais complicado para as pessoas ao meu redor, porque elas não entendem muito. Para mim, depois de ter passado por tantos diagnósticos, o que mais me custou foi me livrar deles do que incorporar a superdotação. Esses diagnósticos errados fazem muito mal pra gente. Eu acho que faz muito mal mandar alguém pro psiquiatra simplesmente porque não é como os colegas de sala. [Depois de ser reconhecida] lembro que eu dizia: 'Mas pode ser que eu tenha as duas coisas?'. E me respondiam: "Não, Lucía, não". Meu medo era de que ninguém acreditasse em mim, por já ter passado por quatro diagnósticos.

[...]

Antes tarde do que nunca, se descobrir é sempre bom. Saber-se e conhecer-se. Porque não é pelo título, é porque ajuda a se compreender. Acho que é fundamental.

[...]

E eu, que tenho uma bela memória de longo prazo... o que às vezes é um castigo me lembrar de tanta coisa. Mas nesse caso me permitiu recapitular toda a minha vida depois da identificação.

[...]

A identificação me ajudou a me livrar desses diagnósticos, que ainda por cima fazem com que a gente seja medicada sem precisar de fato. Me ajudou a encontrar a razão da ansiedade, que é justamente por ter uma tempestade de coisas na cabeça. Me obrigou a buscar ferramentas para eu mesma poder administrar minha ansiedade. Me ajudou a me dar conta de que a desorganização da minha casa é totalmente produto da desordem da minha cabeça. Ajudou a me dar conta de que as atividades rotineiras não são pra mim e a não me sentir culpada por isso. Me ajudou a deixar de me culpar tanto, em geral.

[...]

Acredito que me ajudou também a decidir como seguir com a questão da minha pós-graduação. Me ajudou a ver que eu não tinha que me especializar. Porque isso não vai com o meu perfil, e não vai combinar nunca comigo. E não tem nada de errado nisso, por mais que os chefes digam que não é bom. Então eu me propus, dentro da pós, fazer uma tese que envolvesse cinco ou seis áreas que eu gosto".

SERÁ O SEU CASO?

Responda "sim" ou "não" para as questões a seguir, do pesquisador belga Francis Heylighen:

1. Você é um bom solucionador de problemas?
2. Você consegue se concentrar por longos períodos de tempo?
3. Você é perfeccionista?
4. Você persevera com seus interesses?
5. Você é um leitor ávido?
6. Você tem uma imaginação fértil?
7. Você gosta de fazer quebra-cabeças?
8. Você frequentemente conecta ideias aparentemente não relacionadas?
9. Você gosta de paradoxos?
10. Você define padrões elevados para si mesmo?
11. Você tem uma boa memória de longo prazo?
12. Você tem profunda compaixão?
13. Você tem curiosidade persistente?
14. Você tem um excelente senso de humor?
15. Você é um observador atento?
16. Você ama matemática?
17. Você precisa de períodos de contemplação?
18. Você busca um significado para sua vida?
19. Você está ciente de coisas que os outros não estão?
20. Você é fascinado por palavras?
21. Você é altamente sensível?
22. Você tem fortes convicções morais?
23. Você costuma se sentir fora de sincronia com os outros?
24. Você é perceptivo ou perspicaz?
25. Você costuma questionar regras ou autoridade?
26. Você tem coleções organizadas?
27. Você prospera em desafios?
28. Você tem habilidades e déficits extraordinários?

29. Você aprende coisas novas rapidamente?
30. Você se sente oprimido por ter muitos interesses/habilidades?
31. Você tem muita energia?
32. Você costuma se posicionar contra injustiças?
33. Você se sente impulsionado por sua criatividade?
34. Você adora ideias e discussões acaloradas?
35. Você foi precoce em termos de desenvolvimento na infância?
36. Você tem ideias ou percepções incomuns?
37. Você é uma pessoa complexa?

Se você disse "sim" a 75% das perguntas acima, ou seja, 75% dessas características se aplicam efetivamente a você, procure um profissional ou centro especializado em identificação de adultos superdotados.

Fonte: adaptação de material do Institute for the Study of Advanced Development / Gifted Development Center, por Francis Heylighen. Disponível em: http://pespmc1.vub.ac.be/Papers/GiftedProblems.pdf

CAPÍTULO 3

DE ONDE VÊM E PARA ONDE VÃO OS CONCEITOS DE SUPERDOTAÇÃO?

O conceito de superdotação nunca foi estável, está continuamente gerando controvérsias e, graças a isso, se mantém em evolução. Uma breve viagem no tempo, resgatando alguns episódios da história sobre os testes de QI e a construção conceitual sobre superdotação, permite entender um pouco como se deram os avanços até aqui.

Esse longo processo evolutivo dá uma ideia, ainda, das origens de alguns mitos que persistem até hoje a respeito do fenômeno e do impacto disso na vida das pessoas talentosas. Permite também entender porque os critérios avaliados pelos referenciais teóricos mais modernos, na identificação dos mais capazes, vão muito além de capacidades puramente cognitivas e intelectuais.

DE VOLTA ÀS ORIGENS

Um dos momentos marcantes na construção do conhecido sistema baseado em pontuação do quociente de inteligência (QI) data de 1899, quando o governo francês tornou a escola obrigatória para crianças de 6 a 14 anos. Alfred Binet (1857-1911), na época um destacado pesquisador sobre o funcionamento do cérebro, foi convidado para fazer parte da comissão Sociedade Livre para o Estudo Psicológico da Criança. Essa comissão teria o papel de analisar as capacidades e modalidades de aprendizado dos estudantes.

Logo Binet percebeu que algumas crianças não conseguiam acompanhar o currículo escolar proposto. Decidiu então medir as capacidades mentais de um grupo de alunos. Com o apoio de Théodore Simon, que ainda cursava medicina, chegou a uma pontuação média de desempenho dos estudantes e, com base nela, foi criada a Escala Binet-Simon, conhecida como o primeiro teste de inteligência do mundo.

A proposta era indicar em que ponto da escala o estudante se encontrava em relação a seus pares em um dado momento. O propósito era identificar os alunos com dificuldade de aprendizado, para os quais seria necessária educação especial.[61] "Em nenhum lugar Binet escreveu ou sugeriu que seu teste de QI [quociente intelectual], feito uma vez com uma criança entre 3 e 13 anos, projetaria a inteligência daquela criança ao longo de sua vida toda", destaca Rich Karlgaard no rico relato que faz sobre essa história em seu livro *Antes Tarde do que Nunca*.[62]

Foi o psicólogo americano Lewis Terman (1877-1956), considerado por muitos o "pai da superdotação", que transformou o teste em um instrumento de "previsão", deturpando os propósitos originais de Binet. Baseado na Universidade de Stanford, na Califórnia, em 1916, Terman revisou o teste que passou a se chamar Stanford-Binet e defendeu seu uso para fins que se mostraram catastróficos para a humanidade. Terman era um dos vários intelectuais da época adepto extremista da eugenia[63] e chegou a implantar a *Human Betterment Foundation* (algo como Fundação para o Aperfeiçoamento Humano), que propagava a esterilização de "raças inferiores", entre outras medidas.

"Lewis Terman pensou no teste de QI como um avanço científico significativo e amplamente aplicável. Ele acreditava que poderia de forma rápida e quase milagrosa medir a capacidade inata do cérebro, uma qualidade quase biológica que ele considerava o atributo humano essencial da era moderna. Terman foi um defensor incansável do uso mais amplo possível do teste de QI, de modo que os estudantes pudessem ser avaliados, selecionados e ensinados de acordo com suas capacidades", explica Nicholas Lemann em seu bestseller "The Big Test: The Secret History of the American Meritocracy".[64]

Ao entrar na Primeira Guerra Mundial, os Estados Unidos da América (EUA) aplicaram o teste Stanford-Binet de QI para identificar as capacidades cognitivas de 1,7 milhão de soldados e direcioná-los ao setor mais

---

61 GOULD, Stephen Jay. **A falsa medida do homem**. São Paulo: Martins Fontes, 2014. p. 155.

62 KARLGAARD, Rich. **Antes tarde do que nunca**: o poder da paciência em um mundo obcecado pelo sucesso precoce. São Paulo: nVersos, 2020. p. 54 (livro digital).

63 A eugenia foi um movimento que visava à melhoria das características genéticas de uma população. Para isso, seus adeptos defendiam excluir grupos "indesejáveis" e impedir a sua reprodução.

64 LEMANN, Nicholas. **The big test**: the secret history of the American meritocracy. New York, USA: Farrar, Straus & Giroux, 1999. Trecho traduzido ao português no livro "Antes tarde do que nunca", de Rich Karlgaard (2020, p. 55).

indicado na estrutura de combate. Como regra geral, os que obtiveram alta pontuação se tornaram membros da inteligência militar e assumiram o treinamento de oficiais. Aqueles que tiraram notas baixas foram enviados para as trincheiras.

Passada a guerra, em 1926, foi a vez do professor de psicologia na Universidade de Princeton, estudioso da psicometria e também eugenista, Carl Brigham (1890-1943) se apoiar na Escala Stanford-Binet para desenvolver uma prova mais longa de avaliação. Desde então, seu *Scholastic Aptitude Test* (algo como "Teste de Aptidão Escolar"), conhecido por sua abreviação SAT, passou a ser adotado por diversas universidades americanas e ainda hoje é famoso e amplamente utilizado.

Antes de morrer, entretanto, Brigham levantou grandes questionamentos sobre sua própria criação, rotulando o SAT como uma "falácia gloriosa".[65] Dizia-se, então, convicto de que o instrumento não conseguia de fato medir a inteligência nativa e pura de uma criança ou jovem, como se havia proposto a fazer. Estaria limitado a medir a educação e as experiências às quais essas crianças e jovens teriam sido expostos em suas vidas.

REVIRAVOLTA CONCEITUAL

Apesar dos questionamentos, James Conant (1893-1978) e Henry Chauncey (1905-2002), da Universidade de Harvard, elegeram o *Scholastic Aptitude Test* (SAT) como forma de combater preconceitos e, curiosamente, a eugenia também. Os altos resultados obtidos nesse teste por negros e judeus que emigraram para os Estados Unidos da América, fugidos do nazismo, permitiram, por exemplo, dissociar a imagem desses grupos da categoria de "raça inferior", como por anos haviam sido rotulados.

Conant, que à frente de Harvard ficou conhecido por levar a instituição a níveis de excelência na investigação científica, "defendeu a ideia de aplicar testes de QI em todas as crianças norte-americanas, para garantir que matemáticos, físicos e engenheiros talentosos e vindos de minorias, famílias pobres e áreas rurais pudessem ser identifica-

[65] LEMANN, *op. cit.*, p. 34. Disponível em: http://www.zakstein.org/justice-and-testing-2-on-the-founding-of-the-educational-testing-service/

dos e apoiados. A defesa nacional norte-americana e a própria sobrevivência da nação, segundo ele, dependiam do uso dos testes de QI", resume Karlgaard.[66]

Henry Chauncey, enquanto chefe do "Serviço de Testes Educacionais" dos EUA, apoiou fervorosamente a estratégia de Conant. Assim, a identificação de inteligências superiores começou a se descolar das ideias eugenistas e tomou outro caminho. Um caminho que incluía a preocupação de que pessoas com maior habilidade cognitiva – independentemente de sua classe social, nível cultural, local de origem ou religião – pudessem desenvolver seu potencial para contribuir com a sociedade.

Esse movimento, no entanto, não significava que as controvérsias sobre os testes tinham chegado ao fim. Apesar dos questionamentos levantados por Brigham no final de sua vida, muitos, como Conant e Chauncey, seguiram acreditando que as medições de QI poderiam determinar a habilidade humana "essencial", apelidada de "fator geral de inteligência" ou simplesmente "*g*" pelo psicométrico britânico Charles Spearman (1863-1954), em seu famoso artigo de 1904.[67]

Por outro lado, críticos, como W. Allison Davis e Robert J. Havighurst, coincidiam com Brigham em que o instrumento poderia estar medindo, de fato, o conhecimento adquirido pelo indivíduo, e não sua inteligência pura.[68] Com isso, apontavam essas ferramentas como uma maneira de demonstrar cientificamente que estudantes das classes média e média alta eram superiores. Alertavam para o fato de que o sistema baseado em testes poderia estar tirando oportunidades de jovens em situação social desfavorecida, por medirem mais o condicionamento cultural do que uma característica biológica.

Mais tarde, para surpresa geral, a pesquisa longitudinal desenvolvida por Terman viria a contribuir para dissociar a pontuação em testes de QI da linha divisória entre superdotados e neurotípicos. Os resultados dessa pesquisa ainda questionariam o conceito de que a inteligência é imutável.

---

[66] KARLGAARD, *op. cit.*, p. 60.

[67] SPEARMAN, Charles. General intelligence, objectively determined and measured. **The American Journal of Psychology**, v. 15, n. 2, p. 201-292, abr. 1904.

[68] LEMANN, Nicholas. The great sorting. **The Atlantic**, v. 276, n. 3, p. 84-100, set. 1995.

Na década de 1920, Terman iniciou o primeiro estudo longitudinal – e o mais longo até o momento na psicologia – com indivíduos de QI elevado, que se estendeu até mesmo depois de sua morte. Foram escolhidas 1.500 crianças de escolas públicas da Califórnia com alto escore (pontuação) de QI. Todas nascidas entre 1900 e 1925, um pouco mais de meninos do que meninas, a maioria da raça branca, e quase todas de famílias de classe média alta ou alta.

Essas pessoas foram acompanhadas ao longo de suas vidas, até a década de 1970. Durante quase meio século de estudo foi comprovado que ter QI elevado não necessariamente se traduzia em superdotação. A pesquisa apontou ainda que a influência do contexto familiar e características de personalidade se relacionam à capacidade intelectual, marcando a importância do meio e de variáveis não cognitivas sobre o desenvolvimento humano, independentemente do seu grau de inteligência. Também revelou que o quociente intelectual continuava a aumentar na idade madura. Com isso, demonstrou-se que as experiências e os conhecimentos acumulados ao longo da vida podem impactar no resultado dos testes de QI, como defendia Brigham.

As descobertas contribuíram em muito para a construção dos conceitos mais modernos de inteligência, com influência direta sobre a forma de ver a inteligência e o superdotado. O fim do estudo de Terman se deu na década de 1970, mas, ao longo das cinco décadas de sua duração, importantes evoluções teóricas foram acontecendo.

Em 1942, Raymond B. Cattell (1905-1998) defendeu a existência de dois fatores gerais: a inteligência fluida (*Gf*) e a inteligência cristalizada (*Gc*). A inteligência fluida se constituiria na habilidade de pensar de forma abstrata e de criar estratégias cognitivas para resolver problemas inéditos. Envolveria raciocínio lógico e intuitivo. Já a inteligência cristalizada seria a habilidade de aplicar definições, métodos e procedimentos, aprendidos previamente, para a solução de problemas. Faria referência à bagagem intelectual de cada um, fruto das suas experiências culturais e educacionais.

A inteligência fluida seria um fator determinante na velocidade com que o conhecimento cristalizado é acumulado. Provavelmente por estar relacionada às experiências de vida, a inteligência cristalizada tenderia a evoluir com o aumento da idade, ao contrário da fluida, que mostraria um declínio natural ao longo da fase adulta.

Com base nesses dois fatores, Cattell criou a Teoria Gf-Gc, que foi aprimorada por um dos seus alunos, John L. Horn (1928-2006), em 1965. Horn acrescentou às ideias de Cattell novas capacidades cognitivas: I) processamento visual; II) processamento auditivo; III) memória a curto prazo e/ou aprendizagem; IV) armazenamento e recuperação a longo prazo; V) velocidade de processamento; VI) velocidade de decisão e/ou tempo de reação; VII) conhecimento quantitativo; e VIII) leitura-escrita.

Em 1998, o modelo de Cattell e Horn ganhou mais um implemento, ao ser fundido com a Teoria dos Três Estratos, proposta por John B. Carroll, que hierarquiza em três camadas as capacidades cognitivas. Em um primeiro estrato estão as específicas, acima delas as capacidades amplas e, no topo, a capacidade geral.

A fusão, proposta por Kevin McGrew e Dawn Flanagan, deu origem à Teoria das Habilidades Cognitivas de Cattell-Horn-Carroll (CHC). O novo modelo define que a inteligência é formada por um conjunto de habilidades cognitivas em nível hierárquico. A base da pirâmide ou "Camada I" reúne mais de 70 habilidades específicas que, no nível superior, ou "Camada II", agrupam-se em 10 fatores – correspondentes àqueles definidos por Cattell e Horn. Na "Camada III", o topo da pirâmide, encontra-se o fator *g* – o que era uma das principais divergências entre os autores. Manter o fator *g* foi a forma encontrada para representar uma associação geral entre todas as capacidades cognitivas, mas o foco não está nele. No quadro a seguir é possível ver a relação entre os itens da camada I e II.

Representação da teoria das capacidades cognitivas de Cattell–Horn–Carroll (CHC)

FATORES GERAIS CAMADA II	FATORES ESPECÍFICOS CAMADA I		
Inteligência / Raciocínio Fluido (Gf)	▪ *Raciocínio Sequencial Geral (RG)* ▪ *Indução (I)* ▪ *Raciocínio Quantitativo (RQ)*	▪ *Raciocínio Piagentiano (RP)* ▪ *Velocidade de Raciocínio (RE)*	
Raciocínio / Conhecimento Quantitativo (Gg)	▪ *Conhecimento Matemático (KM)* ▪ *Desempenho Matemático (A3)*		
Inteligência / Raciocínio Cristalizado (Gc)	▪ *Desenvolvimento da Linguagem (LD)* ▪ *Conhecimento Léxico (VL)* ▪ *Capacidade Auditiva (LS)* ▪ *Informação Geral (KO)* ▪ *Informação sobre a Cultura (K2)*	▪ *Informação sobre a Ciência (KI)* ▪ *Desempenho em Geografia (A5)* ▪ *Capacidade de Comunicação (CM)*	▪ *Produção Oral e Fluência (OP)* ▪ *Sensibilidade Gramatical (MY)* ▪ *Proficiência em Língua Estrangeira (KL)* ▪ *Aptidão para Língua Estrangeira (LA)*
Memória a Curto Prazo (Gsm)	▪ *Extensão da Memória (MS)* ▪ *Capacidade de Aprendizagem (LI)*	▪ *Memória de Trabalho (MW)*	
Inteligência / Processamento Visual (Gv)	▪ *Visualização (VZ)* ▪ *Relações Espaciais (SR)* ▪ *Memória Visual (MV)* ▪ *Velocidade de Finalização (CS)* ▪ *Flexibilidade de Finalização (CF)*	▪ *Análise Espacial (SS)* ▪ *Integração Perceptual em Série (PI)* ▪ *Estimação de Comprimento (LE)*	▪ *Percepção de Ilusões (IL)* ▪ *Alternações Perceptivas (PN)* ▪ *Imagens (IM)*
Inteligência / Processamento Auditivo (Ga)	▪ *Codificação Fonética (PC)* ▪ *Discriminação da Linguagem Sonora (US)* ▪ *Resistência a Estímulos Auditivamente Distorcidos (UR)* ▪ *Memória para Padrões de Som (UM)*	▪ *Discriminação Geral de Sons (U3)* ▪ *Localização Temporal (UK)* ▪ *Avaliação e Discriminação Musical (UI, U9)* ▪ *Manutenção e Avaliação de Ritmo (U8)*	▪ *Discriminação da Duração do Som (U6)* ▪ *Discriminação da Frequência Sonora (U5)* ▪ *Limiar da Audição e Linguagem (UA, UT, UU)* ▪ *Tom Absoluto (UP)* ▪ *Localização Sonora (UL)*
Armazenamento e Recuperação Associativa a Longo Prazo (Glr)	▪ *Memória Associativa (MA)* ▪ *Memória para Significados (MM)* ▪ *Memória Espontânea (M6)* ▪ *Fluência de Ideias (FI)* ▪ *Fluência para Associações (FA)*	▪ *Fluência para Expressões (FE)* ▪ *Facilidade de Nomear (NA)* ▪ *Fluência de Palavras (FW)* ▪ *Fluência Figural (FF)* ▪ *Flexibilidade Figural (FX)*	▪ *Sensibilidade para Problemas (SP)* ▪ *Originalidade/Criatividade (FO)* ▪ *Capacidade de Aprendizagem (LI)*
Velocidade de Processamento Cognitivo (Gs)	▪ *Velocidade Perceptual (P)* ▪ *Velocidade de Resposta ao Teste (R9)*	▪ *Facilidade Numérica (N)*	
Tempo / Velocidade de Decisão / Reação (Gt)	▪ *Tempo de Reação Simples (RI)* ▪ *Tempo de Reação para Escolha (R2)*	▪ *Velocidade de Processamento Semântico (R4)*	▪ *Velocidade de Comparação Mental (R7)*
Leitura-Escrita (Grw)	▪ *Decodificação da Leitura (RD)* ▪ *Compreensão da Leitura (RC)* ▪ *Compreensão da Linguagem Verbal (V)* ▪ *Capacidade para Completar Sentenças (CZ)*	▪ *Capacidade Ortográfica (SG)* ▪ *Capacidade de Escrita (WA)*	▪ *Conhecimento de Uso da Língua Nativa (EU)* ▪ *Velocidade de Leitura (RS)*

Fonte: Schelini (2006)[69]

[69] SCHELINI, Patrícia Waltz. Teoria das inteligências fluida e cristalizada: início e evolução. **Estudos de Psicologia**, Natal, UFRN, v. 11, n. 3, dez. 2006.

Atualmente o modelo CHC é considerado o estado da arte sobre inteligência na psicometria, e é a espinha dorsal dos testes mais modernos. O que mostra que a própria noção de inteligência não ficou parada no tempo, e os testes acompanham essa evolução.

NOVOS REFERENCIAIS

Assim como os avanços verificados nos estudos voltados para a psicometria, grandes teóricos causaram chacoalhadas e saltos no entendimento sobre a inteligência e, principalmente, avançaram numa visão mais integral das pessoas superdotadas. Entre eles, cabe destacar os norte-americanos Howard Gardner (nascido em 1943), Joseph Renzulli (nascido em 1936) e Robert Sternberg (nascido em 1949); o polonês Kazimierz Dabrowski (1902-1980), e o canadense Françoys Gagné (nascido em 1940).

Cada um, a seu modo, contribuiu para redirecionar o olhar sobre a superdotação, para um grupo de habilidades humanas e características de personalidade que se expressam, potencialmente, em comportamentos inteligentes e resultados excepcionais. Esses pesquisadores desenvolveram modelos complexos, diferentes entre si, mas não excludentes.

Todos eles consideraram como elementos centrais da pessoa superdotada sua inteligência e seu potencial para alcançar realizações acima da média, mas diferiram sobre as variáveis e os patamares a serem levados em conta na avaliação. Suas teorias se completam para o entendimento da superdotação, mesmo que nem todas tenham sido voltadas particularmente para o tema. As teorias de Gardner e Dabrowski, por exemplo, não são especificamente sobre superdotação, mas têm influenciado várias pesquisas na área por oferecerem uma leitura mais ampla da inteligência e do desenvolvimento de cada pessoa.

Os parágrafos a seguir apresentam pinceladas sobre cada um desses modelos. Pretendem servir como um aperitivo para abrir o apetite das mentes curiosas, que podem encontrar nas referências de rodapé e na bibliografia deste livro mais material para aprofundar seus conhecimentos sobre as teorias desenvolvidas por esses estudiosos.

Teoria da Desintegração Positiva, de Dabrowski[70]

A Teoria da Desintegração Positiva do psicólogo polonês Kazimierz Dabrowski, publicada em 1964 pela primeira vez, fornece uma estrutura alternativa para reconhecer a personalidade dos superdotados e para compreender seu desenvolvimento emocional, apesar de não ter sido pensada para esse público.

Dabrowski estudou Psicologia, Filosofia, Literatura, Medicina, Psicanálise e Psiquiatria Infantil. Para ele, o crescimento pessoal vem acompanhado de angústia e ansiedade. A cada "crise existencial" vivida pelas pessoas, na sua busca instintiva pela evolução, elas podem alcançar níveis mais altos de desenvolvimento. Nesse processo, "desintegram" ou deixam para trás velhas crenças, padrões de pensamento e valores e se reintegram como pessoa, com uma nova visão de mundo.

O termo desintegração é utilizado porque a estrutura da personalidade existente tende a se "desfazer". A desintegração é denominada positiva se contribui para o crescimento do indivíduo. Não obstante, desintegrações negativas – uma involução de nível – também podem ocorrer.

De acordo com Dabrowski, o desenvolvimento pode ser alcançado por meio dos seguintes componentes: habilidades e talentos especiais que os indivíduos podem manifestar; fatores autônomos; e, principalmente, os cinco tipos de sobre-excitabilidades psíquicas (SEs) – intelectual, imaginativa, emocional, sensorial e psicomotora.

Assim, como visto no primeiro capítulo, com sua Teoria da Desintegração Positiva (TDP), Dabrowski enfatiza o papel desempenhado pelas emoções no potencial de desenvolvimento humano. A "sobre-excitabilidade" psíquica, nas cinco áreas identificadas por ele, passou a ser tomada em consideração por alguns especialistas em superdotação, apesar de bem menos estudada do que as variáveis cognitivas, como a própria inteligência.

Teoria dos Três Anéis, de Joseph Renzulli

Divulgada pela primeira vez em 1978, a Teoria dos Três Anéis de Renzulli, psicólogo e professor da Universidade de Connecticut, baseia-se na

---

[70] OLIVEIRA, Juliana Célia; BARBOSA, Altemir José Gonçalves; ALENCAR, Eunice M. L. Soriano. Contribuições da teoria da desintegração positiva para a área de superdotação. Psicologia Escolar e Desenvolvimento. **Psicologia: Teoria e Pesquisa**, v. 33, p. 1-9, 2017. Disponível em: https://www.scielo.br/j/ptp/a/mmVxpcHKnbZhcY6mh6JKFwL/?lang=pt&format=pdf

intersecção de três conjuntos: I) habilidade acima da média (que não precisa ser excepcional); II) compromisso com a tarefa (automotivação e perseverança); e III) criatividade elevada (flexibilidade e originalidade do pensamento).

Em artigo de 1999, Renzulli defendeu que "as crianças superdotadas e talentosas são aquelas que possuem ou são capazes de desenvolver este conjunto de traços e aplicá-los a qualquer área potencialmente valorizada do desempenho humano". Ele complementa que "os candidatos ao atendimento especial não precisam manifestar todos os três grupamentos, mas apenas serem identificados como capazes de desenvolver essas características".[71]

Especialmente voltada para crianças e adolescentes, a concepção de superdotação dos Três Anéis considera a existência de dois perfis de superdotação: a acadêmica, mais facilmente reconhecida no ambiente escolar e mais propensa a altos resultados nos testes de QI; e a produtivo-criativa, que não necessariamente terá alto QI.

Para a implementação dos seus conceitos teóricos, Renzulli desenvolveu instrumentos, procedimentos e estratégias de desenvolvimento de equipe, além de materiais instrucionais. Entre eles, estão: escalas para classificação de características comportamentais de alunos com habilidades superiores; escalas de verificação do interesse e estilos de aprendizagem; escalas de preferência dos estilos de expressão; o Modelo Triádico de Enriquecimento (uma ampla variedade de experiências de enriquecimento geral); o Modelo de Identificação das Portas Giratórias (para uma identificação mais adequada dos alunos potencialmente produtivos/criativos); e a ideia de um Portfólio Completo do Talento (individual de cada aluno).

Teoria das Inteligências Múltiplas, de Gardner

Apresentada ao mundo em 1983, a Teoria das Inteligências Múltiplas de Gardner atraiu os olhares do mundo para um leque de sete tipos de inteligência, várias delas extrapolando o desempenho acadêmico:

[71] RENZULLI, Joseph. Artigo original: What is this thing called giftedness, and how do we develop it? A twenty-five year perspective. **Journal for the Education of the Gifted**, v. 23, n. 1, p. 3-54, 1999.
Tradução: "O que é esta coisa chamada superdotação, e como a desenvolvemos? Uma retrospectiva de vinte e cinco anos". **Educação**, Porto Alegre, RS, ano XXVII, v. 1, n. 52, p. 75-131, jan./abr. 2004. Disponível em: https://www.marilia.unesp.br/Home/Extensao/papah/o-que-e-esta-coisa-chamada-superdotacao.pdf

1. Lógico-matemática (raciocínio dedutivo e resolução de problemas matemáticos);
2. Linguística (especial percepção para os idiomas e as diversas formas de comunicação);
3. Musical (capacidade para discernir, compor e executar padrões musicais);
4. Espacial (pensamento tridimensional, imaginativo e voltado para artes visuais);
5. Corporal-cinestésica (coordenação motora precisa, expressão corporal);
6. Intrapessoal (capacidade de se conhecer); e
7. Interpessoal (potencial para entender as intenções, motivações e desejos dos outros).

Mais tarde, foram somadas as inteligências:

1. Naturalista (habilidade para compreender fenômenos e padrões da natureza); e
2. Existencial (sensibilidade para as questões mais profundas da existência humana).

"A crença em uma única inteligência pressupõe que temos um computador central e multifacetado – e isso determina nosso desempenho em todos os setores da vida. Em contraste, a crença em inteligências múltiplas pressupõe que temos vários computadores relativamente autônomos – um que calcula informações linguísticas, outro informações espaciais, outro informações musicais, outro informações sobre outras pessoas e assim por diante", explicou Gardner em artigo publicado em 2013 no The Washington Post.[72]

Em sua teoria, Gardner rompe com papéis tradicionalmente mais valorizados do que outros, não envolve os fatores biológicos e nem especificamente a variável da criatividade. Para ele, as nove inteligências têm igual peso, nenhuma é mais importante. Todo mundo possui todas elas, mas

[72] Retirado do artigo escrito por Howard Gardner para o The Washington Post, "Multiple intelligences are not 'learning styles'", 2013. Disponível em: https://www.washingtonpost.com/news/answer-sheet/wp/2013/10/16/howard-gardner-multiple-intelligences-are-not-learning-styles/

cada pessoa desenvolve mais uma(s) do que outras. Entre as críticas a essa teoria estão a falta de investigação empírica e a criação de excessivas faces para a inteligência, de forma que poderia desvirtuar o estudo do tema. Além disso, permanece até o momento um forte questionamento especificamente sobre a inteligência existencial.

Teoria Triárquica da Inteligência, de Robert Sternberg

Outro modelo que se apoia em um tripé é o de Sternberg, psicólogo e professor da Universidade de Yale. Na sua Teoria Triárquica da Inteligência, de 1985, o autor considera três aspectos: o mundo interior da pessoa (tratamento da informação), o mundo exterior (interação com o meio) e as experiências individuais mediadoras entre ambos os mundos.

Sternberg acredita em vários tipos de comportamentos inteligentes e não em vários tipos de inteligência. Ele descreve três maneiras diferentes de ser inteligente: analítica (pessoas com alto raciocínio analítico e dedutivo), criativa (grande imaginação e habilidade para gerar ideias originais que permitem resolver problemas) e prática (pessoa com alto poder de influência e de adaptação ao ambiente). Cada uma delas faz parte, respectivamente, de três subteorias que se complementam entre si: a componencial, a experiencial e a contextual.

"Superdotação em relação às habilidades analíticas envolve dissecar um problema e compreender suas partes. Indivíduos com altas habilidades nesta área de funcionamento intelectual tendem a ter um bom desempenho em testes convencionais de inteligência. Já a superdotação sintética é observada em indivíduos que são intuitivos, criativos e lidam bem com situações novas. De maneira geral, estes indivíduos não se saem bem em medidas tradicionais de inteligência. Portanto, nem sempre estão entre aqueles com maior QI, mas são os que apresentam contribuições mais originais e inovadoras. O terceiro tipo de superdotação, denominada de prática, envolve aplicar qualquer habilidade, seja analítica ou sintética, em situações do dia a dia. O indivíduo com superdotação prática é aquele que consegue visualizar o que é necessário ser feito para se obter êxito em um determinado ambiente".[73]

[73] FLEITH, Denise de Souza. Criatividade e altas habilidades/superdotação. **Revista de Educação Especial**, n. 28, s/p. 2006. Disponível em: https://periodicos.ufsm.br/educacaoespecial/article/view/4287/2531

Modelo Diferenciado de Superdotação e Talento, de Françoys Gagné

Criado em 1985, o Modelo Diferenciado de Superdotação e Talento, de Gagné, propõe, por sua vez, que as pessoas nascem com uma ou mais aptidões e, conforme o ambiente que encontram, desenvolvem sua(s) capacidade(s) inata(s), que se transforma(m) em talento(s). O talento seria a expressão dos dotes que receberam nos genes.

No modelo do psicólogo canadense, a identificação ganha importância. Ela colabora para permitir que se trabalhe e encoraje a expressão dos talentos. Assim como a Teoria Triárquica de Sternberg, o Modelo Diferenciado de Gagné é facilmente aplicável durante toda a vida do superdotado.

Gagné acredita que a superdotação está associada à habilidade intelectual geral – fator "*g*", medido pelos testes de QI –, e não envolve a criatividade como fator essencial para o conceito de inteligência. Já o talento indica destrezas específicas em cinco áreas: intelectual, criativa, socioafetiva, senso-motora e percepção extrassensorial.

UMA PERSPECTIVA DE FORA DA CAIXA

Entre as recentes fronteiras abertas no entendimento da superdotação, vale destacar a hipótese proposta pelo respeitado psicanalista francês, ex-professor de filosofia, estudioso e autor de diversos livros na área, Carlos Tinoco. Ele foi identificado aos 5 anos de idade e, desde a adolescência, procura explicar o fenômeno de forma científica. No seu livro de 2018, escrito com Sandrine Gianola e Phillip Blasco, *Les surdoués et les autres: penser l'écart* (Os superdotados e os outros: pensando a lacuna, em tradução livre)[74], a inteligência é vista de uma perspectiva antropológica. Segundo este trabalho, é a consciência do tempo e da morte que condiciona toda a cognição dos seres humanos mais capazes.

"Se você tenta opor o comportamento normal ao comportamento patológico, na perspectiva médica, você é quase automaticamente conduzido a considerar que a obsessão pela morte e pela solidão são sintomas patológicos", apontou Tinoco em entrevista para este livro. Porque, pelo

[74] TINOCO, Carlos; GIANOLA, Sandrine; BLASCO, Phillip. **Les surdoués et les autres**: penser l'écart. Paris, FR: JC Lattès, 2018.

menos aparentemente, a maioria das pessoas pode viver suas vidas sem se questionar ativamente sobre o tempo que voa, sobre a impossibilidade de ser compreendido pelos outros ou sobre o fato de que eventualmente morrerão.

Tinoco lembrou que o matemático, físico, inventor, filósofo e teólogo católico francês Blaise Pascal (1623-1662) observou esse comportamento entre seus contemporâneos e ficou intrigado com isso. A maioria das pessoas parecia passar a vida inteira se "distraindo" da ideia da morte, até estar morrendo de fato ou se encontrar muito doente. Ele se questionava sobre esse "milagre" – chamado pela área de saúde mental de "mecanismo de defesa" – que permite à maioria dos seres humanos simplesmente esquecer ou deixar essas ideias de lado, sob o argumento de que "É a vida!".

Para Pascal, existiam algumas pessoas incapazes de viver assim, como ele próprio. Elas não teriam outra escolha a não ser trabalhar a ideia da morte e a ideia do tempo insistentemente. Na visão de Tinoco, é exatamente esta a essência dos talentosos.

Seguindo sua teoria, os superdotados são aqueles que não conseguem deixar de ver como são frágeis, contraditórias e arbitrárias as histórias em torno das quais são construídas todas as questões sociais. Afinal, todo grupo de seres humanos, seja em uma tribo, seja em um campo de concentração, está sempre contando histórias ou construindo histórias com duas funções: dar alguma inteligibilidade ao mundo (alguma explicação de como o mundo funciona) e determinar a lei do grupo.

"Por algum motivo, certos indivíduos não conseguem dar crédito suficiente às histórias, aos mitos que seus pais ou grupos sociais estão apresentando a eles, desde a infância. Se você admitir essa hipótese, fica fácil de entender porque esses indivíduos estão 'condenados' a ativamente – muito mais ativamente do que os outros – questionar o significado de tudo ao seu redor, questionar a ordem lógica das histórias com as quais são confrontados e até interrogar a estrutura da linguagem", expôs Tinoco. Os talentosos, portanto, são aqueles que tendem a questionar essas histórias repetidamente. Por causa disso, eles desenvolvem habilidades intelectuais. Mas esta seria uma parte secundária, uma consequência, e não a essência dessas pessoas. "Então, onde estão as causas e onde estão os efeitos?", argumentou.

Aqueles que aceitam sem questionar os mitos coletivos vivem como se seus problemas estivessem todos resolvidos. Esses mitos também são uma boa explicação para a fantástica coesão das sociedades. "Ser francês, inglês ou brasileiro é uma invenção, é uma ficção construída por nossos ancestrais – bem recentemente, aliás. E para defender essa ficção que é o Brasil, a França ou a Inglaterra, por exemplo, muita gente estaria disposta a matar e morrer em uma guerra", comentou.

A forma como cada um constrói seu próprio quadro narrativo, permite a ele não se deprimir e não cair em uma espécie de estado catatônico. "Pensar fora da caixa" significaria entender que a caixa é toda a narrativa que o grupo social está construindo para integrar os indivíduos. Quem tem interesse em acreditar na caixa, e em manter invisíveis e intocáveis as contradições e as fragilidades dessa caixa, sente-se ameaçado pelo outro que a questiona permanentemente. Este outro não é apenas estranho, é uma ameaça terrível.

Tinoco usou um exemplo prático da sua época como professor universitário de filosofia para explicar essa questão. "Nas instituições educacionais da França, temos que seguir um cronograma. Cada matéria de cada série deve começar no capítulo um e terminar no capítulo dez. Não importa se a aula é chata porque o professor está entediado de dizer milhares de vezes a mesma coisa para alunos que estão quase dormindo na carteira. E não importa se esses alunos não se lembrarão de quase nada do que foi dito porque biologicamente já se sabe que o cérebro só irá transmitir com eficiência as informações que estiverem sustentadas por sentimentos fortes. Não importa a perda de tempo para todas as partes envolvidas nesta dinâmica, se o professor cumprir o ritual de chegar ao 10º capítulo, como deve, ele pode dizer para si mesmo: 'Estou fazendo um bom trabalho'. E vida que segue", descreveu.

"A maioria das pessoas vai trabalhar todos os dias, dizendo: 'Isso é chato, mas é a vida'. E acha normal aceitar isso." Mas, para Tinoco, com sua mente de alto potencial, assumir essa postura seria viver o pior pesadelo. Ele costumava se perguntar coisas como: "O que é realmente ensinar? O que eu estou fazendo aqui? Como posso fazer para que esse momento seja mágico para os alunos?" Porque Tinoco acredita que é preciso sentir que o momento e o ato de ensinar são significativos. Mas, compartilhar estas questões com os outros professores representava um ato violento contra eles. "'O que estamos fazendo aqui de verdade?' é praticamente um dogma. É a pergunta que nunca deve ser feita. Porque o que pensamos que fazemos é, obviamente, o que não estamos fazendo", provocou.

A propensão natural aos questionamentos profundos que pretendem chegar ao âmago das questões seria, portanto, dentro da teoria de Tinoco, o indicador máximo de uma pessoa com altas capacidades. Um elemento presente em todos os mais capazes, independentemente da área onde seus talentos venham a surpreender.

E assim se inicia a construção de um novo modelo conceitual de superdotação, que se soma ao processo em constante evolução, como dito no início deste capítulo.

ALERTA DE MITOS

"Há uma confusão muito grande entre o que é inteligência e o que é altas habilidades/superdotação. São coisas diferentes. Mas as pessoas acham que é a mesma coisa", expõe Susana Pérez Barrera, uma das pioneiras no Brasil dos estudos sobre superdotação na fase adulta.

A pesquisadora alerta para dois mitos muito comuns em relação à identificação: a ideia de que a superdotação se perde se não identificada na infância e a crença de que com estímulos específicos desde a gestação se "produz" uma pessoa superdotada.

"A ideia que se tem é que se não se descobre a superdotação a tempo, se perde. E, na verdade, já se sabe que não se perde, mas não se desenvolve se a pessoa não tiver oportunidade para trabalhar esse potencial", explica.

O oposto também é mito. Existem livros que sugerem muitas práticas para estimular o desenvolvimento do feto durante a gestação, mas a única coisa que se pode conseguir com isso é uma pessoa com melhor desempenho cognitivo. Não se produzirá outra série de indicadores de alto potencial.

As pessoas superdotadas nascem assim, devido à sua genética, e apresentam um conjunto de comportamentos e características que não dependem da educação e da estimulação que recebem – embora dependam do meio em que vivem para poderem desenvolver suas habilidades e atingirem o desempenho superior de que são capazes[75].

[75] PÉREZ, Susana Graciela Pérez Barrera. Mitos e crenças sobre as pessoas com altas habilidades: alguns aspectos que dificultam seu entendimento. **Revista Educação Especial**, UFSM, n. 22, 2003. Disponível em: https://periodicos.ufsm.br/educacaoespecial

CAPÍTULO 4

MAS DE QUE VALE DESCOBRIR A SUPERDOTAÇÃO NA FASE ADULTA?

Mas de que me serve a identificação agora? Este é um dos maiores questionamentos entre as pessoas adultas. A resposta vem sendo sugerida ao longo deste livro e se consolida aqui: autoconhecimento e qualidade de vida. Tomar consciência do próprio funcionamento pode ser libertador e transformador, em qualquer idade.

A superdotação é uma dimensão tão abrangente do indivíduo – envolve personalidade, recursos cognitivos e afetivos – que, quando conhecida, compreendida e reconhecida, muda sua relação com o mundo. Esse autoconhecimento ajuda a encarar a vida sem angústias desnecessárias. Contribui para estabelecer laços afetivos mais saudáveis, espaços produtivos mais felizes, uma existência mais leve e inteira.

Ademais, crescer sem saber quem se é, sem compreender suas claras diferenças com a grande maioria à sua volta, pode levar a distúrbios psicológicos importantes. Muitas questões vividas por adultos de alto potencial – como distúrbios de ansiedade, dificuldades de relacionamento, depressão, fracasso profissional – não são próprias da sua condição, mas produto da incompreensão sobre suas características e das dificuldades de interação com seu entorno. Quando a raiz dessas questões é percebida, pode-se superar muitos desses "sintomas", ressignificar toda uma história vivida. E seguir um pouco mais em paz, consigo e com o mundo à sua volta, pelo caminho ainda à frente – que poderá ganhar novos contornos.

VANTAGENS E DESVANTAGENS NA BALANÇA

Se, por um lado, as pessoas identificadas na fase adulta podem ter escapado da pressão das altas expectativas alheias e pessoais, por outro, costumam carregar muitos sentimentos de inadequação e desconforto com o mundo. Vivem com a sensação de que "há algo de errado comigo", porque se são diferentes dos outros e os outros são "normais", elas "só podem ser loucas" ou "têm algum problema".

Esta perspectiva distorcida é uma grande armadilha para os mais capazes. O autoconceito é uma peça-chave: tudo se organiza em torno da imagem que cada um tem de si mesmo. Quando positiva, tende a contribuir para uma melhor qualidade de vida para a pessoa, que vive mais livre de angústias, frustrações e intranquilidades.[76] Mas quando a autoimagem se encontra diminuída, a autoconfiança é afetada também e as coisas se complicam. Uma opinião negativa de si mesmo induz a sentimentos de insegurança, incapacidade, timidez, podendo levar a dificuldades socioemocionais e transtornos mentais.[77]

É fato que a melhor forma de evitar o descompasso é a identificação ainda na infância, mas, sempre e quando, pais e escola entendam todo o pacote envolvido nas altas habilidades e estejam preparados, de forma minimamente satisfatória, para manejar suas expectativas, dosar os estímulos e administrar as diferenças. Afinal, a identificação em si não é garantia de nada.

Uma inteligência elevada implica elevados desafios para a criança e o adolescente, ainda imaturos, assim como uma responsabilidade elevada para os adultos que convivem com esses menores. O desafio é ainda maior para aqueles que chegaram à fase adulta sem serem identificados. Por isso, a orientação aos pais e o preparo dos profissionais da rede de ensino e de saúde são cruciais para o futuro do potencial humano, seja ele na intensidade que for e seja qual for a fase da vida.

A pressão por resultados extraordinários - alimentada pelo mito de que o superdotado é um "gênio" – pode ser tão prejudicial quanto a falta de identificação das altas habilidades.

Quando um ambiente favorável não se apresenta aos superdotados em crescimento, independentemente de ter sido identificado ou não, muitos tendem a se "invisibilizar" para evitar conflitos, atender às expectativas dos outros e se sentirem amados (especialmente as meninas e mulheres, que mereceram um capítulo à parte).

---

[76] MOSQUERA, Juan José Mouriño; STOBÄUS, Claus Dieter. Auto-imagem, auto-estima e auto-realização: qualidade de vida na universidade. **Psicologia, Saúde & Doenças**, Lisboa, v. 7, n. 1, 2006. Disponível em: http://www.scielo.mec.pt/scielo.php?script=sci_arttext&pid=S1645-00862006000100006&lng=pt&tlng=pt

[77] LAZANHA, Tainara Rodrigues *et al.* **A importância da autoestima e autoimagem no desenvolvimento humano**: análise de produção científica. 2016. Trabalho produzido para o 16º Congresso Nacional de Iniciação Científica – CONIC-SEMESP. Disponível em: http://conic-semesp.org.br/anais/files/2016/trabalho-1000022894.pdf

Para não causar incômodo, deixam de perguntar na aula ou questionar os pais sobre suas curiosidades. Guardam da família e dos amigos suas observações ou inquietações. Para não escutar "você é estranho(a)", "você fala demais" ou "é um sabe tudo", calam-se. Procuram se encaixar nos padrões de comportamento tidos como "normais" e se tornam quem os outros esperam que eles sejam.

Nessa manobra de se moldar à sociedade e aos anseios alheios, "escondem o jogo" para não se destacar e pagam um preço muito alto por isso, pois geralmente causam grandes danos para seu próprio desenvolvimento e construção de sua identidade. Constrói-se assim o chamado "falso *self*" (falso eu), uma estrutura defensiva que tem como função proteger ou ocultar o "verdadeiro *self*" (verdadeiro eu), como postulava, resumidamente, o pediatra e psicanalista inglês Donald Winnicott (1896-1971).[78]

Também é importante trabalhar nos mais jovens a consciência de ter uma capacidade acima da média, para que isso não se torne motivo de presunção e arrogância. Negar essa informação ao pequeno tampouco é indicado, ainda que ela possa ser dada de diferentes maneiras. "Um diagnóstico que se finge desconhecer, ou que é ocultado da criança, tem efeitos patogênicos", alerta a psicóloga Jeanne Siaud-Facchin em seu livro *Demasiado Inteligente para Ser Feliz?*.[79] "Viverá sua sensibilidade, sua percepção ampliada do mundo e sua emotividade transbordante como defeitos que convém reprimir", explica ela. Todo mundo ganha em se conhecer, na mais tenra idade ou em fases mais avançadas da vida.

Quando já adultas, algumas pessoas despertam para a possibilidade de serem superdotadas. Muitas vezes reconhecem histórias vividas na sua infância e juventude em situações trazidas pelos próprios filhos ou por conhecidos. Vão colecionando indícios, mas o medo de uma resposta negativa costuma gerar um forte bloqueio, impedindo que muitos iniciem o processo. Tocar a porta de um profissional especializado em superdotação adulta costuma ser um grande desafio. Remexer velhas feridas são obstáculos para que muitos cheguem até o final desse processo.

---

[78] Donald Woods Winnicott (1896-1971) postulou os conceitos de verdadeiro *self* e falso *self*. Falso *Self* é o nome que Winnicott dá a uma "pseudopersonalidade". A personalidade (ou seu "centro", o "*self*" – também conhecido na língua portuguesa como "si mesmo") se desenvolve, segundo ele, a partir das experiências que vão sendo armazenadas na memória do indivíduo. Disponível em: http://pepsic.bvsalud.org/scielo.php?script=sci_arttext&pid=S1413-62952014000100007

[79] SIAUD-FACCHIN, *op. cit.*, p. 65.

De fato, enfrentar tais testes demanda certa valentia. Não apenas porque significa caminhar em direção ao encontro consigo mesmo, com suas escolhas (talvez feitas em bases incorretas), com sua história (que poderá ganhar outros significados), o que nunca é fácil, mas também porque uma resposta negativa pode ser sentida como pior do que não saber. Para os que enfrentam os receios e só param quando encontram a resposta, independentemente de qual seja ela, sempre fica a jornada do autoconhecimento, ainda que tardia. E esse trajeto é sempre enriquecedor.

Daniel,[80] 54 anos, pediatra suíço

"Eu vivi quase toda minha vida até agora sem saber isso [que é superdotado; ele foi identificado com pouco mais de 50 anos de idade, em 2019]. Mas para mim foi muito importante descobrir, porque me trouxe muitas explicações sobre coisas do passado, principalmente a respeito da minha hipersensibilidade emocional.

[...]

Se você quiser colocar alguma coisa desta conversa no seu livro, provavelmente esta é a mais importante: Nunca é muito tarde [para descobrir a superdotação], mesmo se você tiver 50, 60, 70 anos. Porque as coisas passam a fazer mais sentido.

[...]

A descoberta em si não fez de mim uma pessoa diferente. Mas o fato de saber disso mudou alguns sentimentos que eu tinha. Eu me perguntava muito: Quem sou eu exatamente? Nos últimos 40 anos eu provavelmente li de tudo, inclusive muitos livros, para entender como as pessoas pensam, como elas são, porque fazem isso ou aquilo, porque pensam como pensam... Depois da identificação isso acabou. Agora eu sei quem eu sou e sei que não estou sozinho. Tem muitas pessoas, não exatamente como eu, mas que fazem e pensam quase como eu, e é bom saber que elas existem.

[...]

É bom saber por que às vezes a gente se sente tão sozinho. Eu estou muito feliz na minha vida, com minha família, minha mulher, uma filha, um filho, amigos, mas de qualquer forma, não é tão fácil. É bem difícil até. Olhando minha vida de fora, você diz 'ele é normal', mas, por dentro não é normal. E agora é bom saber que eu sou superdotado, porque eu posso sentir essas pessoas que são como eu e procurar por elas.

[...]

[80] A pedido, o nome e algumas informações biográficas foram modificadas a fim de garantir o sigilo da identidade do entrevistado.

Eu sou muito organizado e rápido. Faço muitas coisas: faço esportes, pintura... Faço quatro ou cinco coisas ao mesmo tempo e de forma bem-feita. Mas eu quase nunca falo pros outros todas as coisas que faço, porque pra maioria das pessoas não é possível fazer isso tudo e fazer isso tudo direito, entende? Então eu preciso esconder uma parte. E provavelmente por isso quase toda minha vida eu precisei esconder o que eu sou. Se não for assim, você é abandonado pelas pessoas. Porque 'você tem muito problema', 'você pensa demais', 'seus sentimentos são muito fortes'... Quando eu era criança, minha mãe sempre dizia: 'você é sempre intenso demais'. No meu interior tudo é intenso demais, a vida é toda em excesso, e a alegria também".

IDENTIFICAÇÃO COMO COMEÇO, NÃO COMO FIM

A aventura da autodescoberta não termina com o relatório final de altas habilidades. Este é apenas o começo. Transformar o resultado em crescimento pessoal depende de cada um. Já dizia o filósofo francês, Jean-Paul Sartre, grande representante do existencialismo: "Não importa o que a vida fez de você, mas o que você faz com o que a vida fez de você".

É improdutivo ficar na frustração por não ter tido acolhimento e compreensão na infância, na adolescência ou na juventude, nem as oportunidades e condições adequadas para se desenvolver ainda jovem. Sair distribuindo a culpa pelos integrantes da família, pela equipe da escola ou pelos profissionais da saúde que tenha buscado tampouco costuma contribuir com mais qualidade de vida.

Um acompanhamento especializado é de enorme importância para a assimilação dessa "nova identidade". Raríssimos são os cursos de graduação que oferecem formação sólida – ou, ao menos, informação detalhada – sobre altas habilidades, hoje no Brasil. Por isso é importante encontrar um profissional com treinamento, experiência e especialização no tema, que conheça a fundo o fenômeno, seja ele psicólogo, psicanalista, *coach* ou outro.

Consumir conteúdo de qualidade sobre o tema (livros, estudos, palestras, *lives* etc.) também contribui para compreender mais a fundo a condição e a si mesmo. Mas não é tarefa fácil. Ainda é muito restrito o material publicado em português sobre o adulto com altas habilidades – este livro se propõe a cobrir um pouco essa lacuna. No último capítulo, algumas sugestões de materiais e fontes interessantes podem ajudar, bem como as obras indicadas na bibliografia.

Digerir essa novidade, por vezes desconcertante, é também importante para o momento de se enfrentar o mundo depois da descoberta. Decidir para quem contar e quanto se expor, inclusive para a família, são outras questões que se colocam. Há de se ter em conta que é possível se deparar com quem acredita que "agora é onda no Brasil, todo mundo tem altas habilidades. Isso aí é moda do povo da psicologia", ou ainda ser desacreditado por aqueles que, apesar de todos os estudos científicos, ainda acham que a "superdotação é uma invenção".

Talvez seja preciso lidar ainda com alguma inveja. Ainda há muito preconceito! É preciso se munir de paciência e informação para combater os mitos. A aceitação da sociedade a essa condição esbarra em um imaginário coletivo bastante distorcido a respeito dela, como visto nos capítulos anteriores. Os próprios conceitos equivocados que um adulto ainda não identificado faz da superdotação podem ser uma barreira para que ele encontre sua identidade.

A troca de experiências é muito fortalecedora nesse processo. Grupos de conversa ou de atividades específicas, dirigidos a superdotados, ajudam no conhecimento e reconhecimento da condição, reforçam a sensação de pertencimento e facilitam a própria aceitação. Ousar provar ou desenvolver novas habilidades e interesses, que até então não tinham sido explorados, também pode ser terapêutico nesse momento. Ressignificar o passado, olhar o futuro com outras perspectivas e se apropriar do verdadeiro eu fazem parte dessa caminhada.

"Quando a pessoa [com altas habilidades] se entende e se aceita como é, isso se torna um fator protetivo. Mas se ela não se conhece, não consegue administrar toda essa intensidade. Tendo a dizer que a superdotação pode ser uma força ou uma fraqueza", explicou em entrevista para este livro a psicóloga Denise Brero, então presidente do ConBraSD.

Esse antagonismo mencionado pela especialista está refletido em duas vertentes cientificamente investigadas na área da superdotação, em relação ao desenvolvimento psíquico, emocional, social e laboral do indivíduo identificado. Uma linha entende o conhecimento da condição pelo indivíduo como um fator protetor, e a outra como um fator de vulnerabilidade (podendo ser desencadeador de ansiedade e depressão, por exemplo).

"Talvez a diferença entre eles é que saber da superdotação pode ser mais protetivo do que não saber", pontuou Denise Brero. Quando não entendem suas diferenças em relação à maioria, vivem sua emotividade, sua sensibilidade, sua intensidade e sua empatia como defeitos a serem corrigidos. E sofrem, com essa mesma intensidade, as inadequações geradas por causa disso. Por um lado, a forma intensa como experimentam a vida, em geral, assusta as pessoas neurotípicas.

PELO MUNDO AFORA EU VOU BEM

Formada em Letras, a brasileira Laura Ruas trabalha desde 2016 como professora de alemão, primeiro no Uruguai e agora no Chile. Fez mestrado na Alemanha, onde aprendeu a língua. Também fala inglês, espanhol e está se desenrolando no russo. Foi por causa de um curso para habilitar professores a identificar alunos superdotados que Laura descobriu sua superdotação, aos 36 anos.

Laura, 39 anos, brasileira, professora de alemão

"Eu saí do Brasil pela primeira vez em 2006. Morei dois anos e meio na Argentina, depois eu fui pra Alemanha, fiquei cinco anos e meio lá. Voltei pra Belo Horizonte [MG], fiquei um ano e meio, mas não me adaptei muito bem. Fui pro Uruguai e passei cinco anos. Lá eu arrumei o trabalho no colégio alemão de Montevidéu e descobri esse nicho pra mim. Os colégios alemães estão em mais de 150 países e sempre precisam de professor. Eu já tinha essa história de mudar de país, normalmente mudava na cara e na coragem, depois ia procurar trabalho. A partir daí, eu comecei a me candidatar pros colégios alemães do Chile. Consegui o trabalho aqui e vim. Há seis meses estou morando em Temuco.

[...]

Descobri que é uma característica que eu tenho e que é por causa das altas habilidades, e que isso não vai mudar mais. Hoje em dia, eu já não me preocupo mais em encontrar um lugar pra ficar pra sempre. Então eu vou indo, quando me dá vontade de ir, eu vou.

[...]

Fui reconhecendo que essas características minhas não eram um defeito, não eram alguma coisa que eu teria que consertar, não eram uma dificuldade de adaptação. Muito pelo contrário, era uma necessidade constante de coisas novas, de novos desafios, de aprender tudo de novo, de estar sendo alimentada dessa forma, de não ficar no modo automático.

[...]

Meu primeiro contato com a superdotação foi num curso que fiz na escola onde trabalhava no Uruguai pra nos dar instrumentos pra identificar alunos. Recebi aqueles questionários todos, e é um pouco irresistível não fazer com as próprias respostas. Desde a época que surgiram os testes da Capricho [revista teen], é um vício pra mim! Meu questionário deu uma quantidade muito relevante de respostas positivas e eu decidi buscar alguém que trabalhasse com identificação de adultos.

[...]

Durante um tempo eu não sabia se eu queria ir. Eu ficava pensando: 'Mas adianta saber isso agora? O que que vai mudar, né?' Eu falei isso com meu pai na época e ele também estava um pouco nesse pensamento. Também tive a outra dúvida que todo mundo tem: 'E se eu for lá e não for superdotada? E se for só uma presunção absurda da minha parte?' Eu achava que as duas respostas, num primeiro momento, seriam ruins. Se eu for superdotada, o que eu vou fazer com isso? E, se eu não for, como é que eu vou lidar com isso? Aí eu resolvi fazer a segunda parte do curso, que não era obrigatória, pra ir ganhando um pouco de tempo e pra entender melhor sobre o tema. No final resolvi ir adiante no processo de identificação".

[...]

"Eu senti uma sensação de alívio muito grande, porque eu achava que eu era doida, sempre achei. Durante um tempo eu achei que eu tinha algum problema psiquiátrico, já passei por umas terapias, pelos psiquiatras da vida...

[...]

Eu entendo inclusive que os processos depressivos que eu tive não são causados pela superdotação, mas eles tiveram possivelmente a profundidade que tiveram em razão da minha forma de ver o mundo. Não está errada a minha forma de ver o mundo, mas eu vou sentir o tombo mais forte. E vou sentir alegria também em um nível que as outras pessoas provavelmente não vão sentir. E é por isso que eu tenho que cuidar dos meus sentimentos sem fazer com que eles adormeçam.

[...]

Entendi que a minha diferença não é uma doideira. É porque, de repente, eu estou vendo um pouco mais do que as outras pessoas. De repente todas essas coisas que eu penso, elas não estão erradas, elas não estão paralelas à realidade. É uma visão mais fina das coisas mesmo. Então, eu passei a me levar muito mais a sério. Não que eu não me levasse a sério, mas entre a opinião do outro e a minha, eu comecei a escolher a minha. Isso gerou uma mudança muito importante na minha autoestima. Porque eu me tirei da margem do mundo e comecei a nadar no rio.

[...]

Depois da identificação eu passei bastante tempo lendo muita coisa sobre superdotação. Eu queria entender exatamente o que que era, não só do ponto de vista da inteligência – esse era o ponto de vista que menos me interessava. Queria entender do ponto de vista da hipersensibilidade, do ponto de vista do processamento cerebral mesmo. Entendi que eu tinha um sistema nervoso diferente, que trabalha com uma quantidade de informações maior e que está sempre trabalhando. E era por isso que eu não conseguia sentar e assistir televisão como todo mundo.

[...]

E aí eu fui de alguma forma reeditando a minha história de vida. Eu fui reentendendo a minha vida com base nessa informação nova que eu tive. E eu acho que por muitos momentos na minha vida eu construí a minha identidade a partir de um falso self.

[...]

Eu fiquei com raiva da minha família um pouco e eu fiquei com raiva da minha escola. Porque no ambiente escolar era óbvio, não é possível que as pessoas não viam. Eu acho que talvez fosse mais papel da escola do que da família reconhecer essas coisas, valorizar essas coisas e me dar outras opções. O que a escola fazia comigo era me colocar de professora particular dos outros alunos. E de graça, eu não recebia por isso, não. Mas talvez eles mesmos não tinham essa formação. Eu fiz Letras, licenciatura, e eu também não tive essa base na faculdade.

[...]

Eu senti uma vontade muito grande de comunicar do meu processo de identificação pro meu pai, minha madrasta, minha mãe, meus quatro irmãos... Eu achei que eu não podia guardar isso pra mim. Eu fiz questão de contar pros meus melhores amigos, eu fiz questão de contar... Eu achei que era importante sair do armário e me assumir como tal pra essas pessoas. E que eles soubessem como que chamava essa característica que eu tinha. Pra mim foi muito importante, inclusive fazer isso pessoalmente na maioria dos casos. Foi um tipo de renascimento mesmo. A minha vida, pra mim, nesse sentido, foi uma metáfora da história do patinho feio.

[...]

Mas eu só conto em ambientes controlados, onde sei que isso pode ser entendido e que eu não vou ser desrespeitada ou desacreditada, de alguma forma. Eu só piso onde dá pé quanto a isso.

[...]

Na minha família ninguém recebeu a notícia com nenhum tipo de estranhamento, todo mundo viu isso como uma coisa óbvia. E eu fiquei um pouco incomodada... se estava tão claro pra todo mundo, por que que ninguém nunca me falou? Eu acho que o que eles sempre pensaram foi que não é importante chegar a esse 'diagnóstico'. Eu acho que eles não entendem a importância de a pessoa ter essa informação sobre si mesma. 'Uai, mas você nunca percebeu que você é inteligente?'. A questão da inteligência pra mim é o mal menor. Então eu fiquei um pouco triste nesse sentido, porque eles também me trataram como doida muito tempo. 'Laura é diferente.'

[...]

Eu acho que eles não conseguem entender a real dimensão dessa descoberta, a importância que tem saber disso. Não entendem a importância desse traço de personalidade, dessa característica, que isso me faz sentir diferente, que isso me faz pensar diferente, que isso me faz agir diferente, que isso me faz ter outras expectativas... Eu também não tinha essa informação. Quando eu fui identificada eu sabia mais ou menos o que isso significava, mas eu tive que me aprofundar muito no assunto, e ainda tem muita coisa que quero ler. E eu acho que o tamanho da implicação que isso tem não é alguma coisa que eles vão conseguir perceber, porque não é da vida deles.. Não é da realidade deles.

[...]

Mas essa raiva que eu senti em algum momento não ficou muito tempo, não. Eu também não podia ficar mais nesse lugar da raiva, nessa coisa adolescente de "ai, ninguém me vê como eu sou", porque é a realidade de cada um.

[...]

Minha mãe biológica tem um histórico de 30 anos de dependência de drogas, de várias internações e de várias dívidas... Desde muito cedo eu precisei de ser a mãe da minha mãe. Ela casou quatro vezes e separou quatro vezes. A gente também vivia situações de violência doméstica em casa, com os maridos dela. Como eu era a mais velha, eu tentava proteger minha irmã dessas coisas. Eu tentava que ela visse menos, que ela sofresse menos. Eu ficava muito na linha de frente, cuidando de tudo. Eu fiquei adulta muito rápido! Eu nunca tinha tido o momento de olhar pra mim porque eu vivi essa infância e essa adolescência um pouco conturbada. E ninguém mais teve esse momento também de olhar pra mim, porque minha mãe estava nessa situação difícil...

[...]

Eu acho que a minha mãe tem superdotação também, e eu acho que a história de vida dela foi extremamente conturbada também por causa disso. Eu acho que ela caiu numa armadilha muito cedo e ela não conseguiu sair dessa armadilha. E isso cobrou a sanidade mental e a independência dela. Assim como eu, minha mãe também já recebeu o diagnóstico de bipolaridade, que eu acho que é um diagnóstico errado, mas ela foi medicada por causa disso e de outras coisas mais. Acho que a psiquiatria tem esse problema: quando uma pessoa é medicada demais, em algum momento o cérebro se adapta àquela medicação e passa a funcionar daquele jeito. A minha mãe, por exemplo, passou muito tempo tomando muita medicação, eu senti que ela foi ficando um pouco instável emocionalmente, e foi deixando de ser hipersensível.

[...]

Quem respondeu os questionários de identificação [que às vezes é feito por um terceiro também] foi minha madrasta. E todo esse processo foi aproximando muito a gente. Foram duas surpresas que eu tive na vida: ganhar uma nova identidade com 36 e ganhar uma nova mãe com 37 anos. Ela me reconheceu como filha dela legalmente, e eu tenho duas mães na minha certidão de nascimento.

[...]

Outra coisa que aconteceu comigo foi que eu comecei a me sentir um pouco na obrigação de ajudar as pessoas a se identificarem. Não que eu possa identificar adultos, mas posso encaminhar. Aprendi em algum momento que eu fiz terapia que a gente não pode consertar o passado, o passado passou. Mas a gente pode evitar que as histórias se repitam indefinidamente.

ESTÁGIOS DA ACEITAÇÃO

O relato de Laura oferece uma sequência de fases observada na maioria dos processos de descoberta tardia da superdotação.[81]

Inicialmente, ocorre um certo estranhamento, natural da mente questionadora dos superdotados, que não são facilmente convencidos. Isso vem seguido de um grande alívio por não ser "louco", "doente" ou qualquer outro rótulo ou autoconceito com o qual precisou lidar durante grande parte da sua vida. Logo bate a raiva contra os adultos que, se supõe, deveriam ter notado e apoiado a pessoa ao longo do seu desenvolvimento. Essa raiva vem acompanhada de indignação pela negligência e pelos sofrimentos vividos que poderiam ter sido evitados.

Diante desse novo desconforto, em geral, busca-se um acompanhamento profissional para ajudar na releitura da própria história. Paralelamente, é comum que haja um empenho por pesquisar a fundo sobre o fenômeno – comportamento nato das pessoas com altas habilidades.

Após aparadas algumas arestas – internas e externas –, certa calmaria e conforto tendem a ganhar espaço. Surge então um desejo – quase que um sentimento de responsabilidade – de ajudar na identificação de outras pessoas e na disseminação de informação de qualidade sobre o tema. Demonstrações da empatia e do engajamento pela justiça, características muito presentes nas pessoas de alto potencial.

Mãe socioafetiva de Laura (brasileira identificada aos 36 anos)

"A Laura veio conversar com a gente [com ela e o marido, pai de Laura], com muita alegria, em êxtase, porque ela descobriu [a superdotação]. Foi como se ela tivesse realmente se reconhecido no mundo ou se tivesse encontrado a turma dela. Foi isso que eu percebi. Foi uma libertação da alma. A Laura acabou achando muita resposta pra vida dela e as questões que deixavam ela insegura. É como quando a pessoa assume uma condição particular de gênero, sabe? Eu sinto que ela está mais segura, mais feliz. Como se ela tivesse encontrado um eixo para seguir. E a gente sempre fica feliz junto.

[81] Segundo as profissionais entrevistadas para este livro, as autoras dos livros de referência e a experiência no atendimento de adultos recém-descobertos.

[...]

Depois que a Laura foi identificada, eu passei a olhar pra ela de uma outra forma. Eu não tinha ideia nenhuma de nada [sobre superdotação]. Eu sempre achei que o superdotado é aquela pessoa que tem muito conhecimento. Era o que eu sabia. Aí passei a ficar mais ligada pra entender, comecei a fazer as conexões. Mas eu não procurei saber cientificamente como é um superdotado, não, a não ser por meio das conversas com a Laura mesmo.

[...]

A Laura tem muita facilidade com línguas, ela foi uma aluna que sempre tirou notas muito altas e foi uma menina que tomou conta da vida muito cedo. Ela tinha uns 19 anos, quando se formou em Letras e foi embora pra Argentina. Ela sempre estava querendo alguma coisa que não estava no lugar onde ela pisava. E com isso ela conheceu o mundo. Eu achava que nessa busca dela, de uma certa forma, ela estava fugindo um pouco da realidade... dos desafios da vida, porque a vida dela com a mãe não era muito fácil. Hoje eu percebo que se trata da inquietação da alma. Da busca pelo novo.

[...]

A Laura sempre foi muito autêntica. Ela sempre soube o que queria. Por exemplo, quando ela foi pra Alemanha, ela se casou com um alemão e fez mestrado. Apesar de ter estudado, ela não conseguia um trabalho compatível com o conhecimento e a formação dela. Por isso ela decidiu ir embora da Alemanha. Na nossa cultura brasileira, outra menina ficaria encantada com o fato de morar na Alemanha, com um marido que a sustentasse. Mas a Laura não, 'não vim aqui pra isso', 'minha vida não tá aqui', 'não é isso que eu quero'. E veio embora pra casa, com uma mochila nas costas. Pingou aqui, e com uma mochila nas costas, logo foi embora pro Uruguai pra dar aula de alemão. Hoje ela está no Chile. Durante todos esses anos ela fez muitas viagens para lugares inusitados com sede de conhecer o novo...

[...]

Eu imaginava que ela iria nos dar muito trabalho, no entanto ela é uma mulher superajustada. Muito correta com as coisas dela. Não tem dívidas e é responsável com a vida, com a família, com a mãe, com o trabalho. Apesar de toda inquietação dela na infância e na adolescência, ela é uma mulher muito centrada. Hoje, a impressão que eu tenho é de que ela se basta, ela não tem necessidade de mais nada a não ser dela mesma. É minimalista e consegue viver com muito pouco.

[...]

Aí a gente percebe que, na verdade, ela sempre foi uma menina muito inteligente e, que ela tinha facilidade de fazer conexões de coisas diferentes, pra compor uma ideia nova. Ela era muito questionadora, meio brigona pra enfrentar tudo o que contrariava a ela. Eu não me lembro de ter havido algum fato negativo a não ser as preocupações normais do crescer e se descobrir. Tivemos momentos de atenção, o que eu acho que é normal na adolescência – os grupos de amigos, as festas, as drogas, essas coisas... mas negativo, não. Aquilo tudo que a gente viveu, esse tempo todo, na verdade era excesso de inteligência.

[...]

A identificação promoveu nela um amadurecimento muito consistente em todos os aspectos, no intelectual, no emocional, no afetivo, no familiar, no trabalho. Essa descoberta da Laura coincidiu com outro processo que vivemos em família. Um dia eu e o pai da Laura estávamos conversando sobre a nossa herança, que não é nada grande. A gente queria que a divisão dos nossos bens fosse feita em partes iguais para os quatro filhos: quando nos casamos, eu já tinha uma filha, e ele tinha a Laura. Depois nós tivemos mais dois filhos. A gente estava pensando em fazer um testamento pra resolver essa questão. Meu marido é advogado e ficou sabendo que havia uma lei que reconhece a paternidade/maternidade afetiva, sem retirar da certidão o nome do pai/mãe originais. Aí ele falou: 'Vou fazer isso', e eu disse 'Vou fazer isso também'. E assim fizemos. Por coincidência, esse processo aconteceu na semana de comemoração do meu aniversário de 60 anos e do aniversário do meu marido de 63. Foi um período de muita festa, de muita alegria, de muita manifestação de carinho. Um marco de muito amor. Aquele foi o dia em que a gente compôs a nossa família completamente, como se tivesse colado toda a nossa história. Isso foi superimportante pra todo mundo: nós, os pais, e os filhos e netos. Todos se sentiram felizes e amados, e a Laura, naquele momento, enterrou muitas dúvidas e inquietações, e se viu plena e pertencente de fato".

Pai de Laura (brasileira identificada aos 36 anos)

"Eu acho que [a identificação] foi uma realização da Laura mesmo, uma coisa muito particular. Eu acompanhei todo o processo dela nisso, outros questionamentos que ela já tinha antes e tal. Eu achei legal que ela partiu pra se conhecer melhor. Pra mim, tudo que vem tá de boa. Eu achei muito bom que ela se descobriu, e está se descobrindo. Mas, pra mim, acho que não mudou nada. É uma característica dela, é uma coisa dela... da vida dela... da pessoa dela...

[...]

Ela sempre foi diferente. Não tão diferente, mas ela tinha algumas colocações que não batiam com outras meninas da idade dela, ou com as pessoas que estavam ao redor dela. Ela chamava atenção pela espontaneidade dela, pela facilidade de fazer paródia de música. Ela aparecia dentro da turma do jeito que ela queria aparecer.

[...]

Pra mim, tudo é normal. Eu não tomo isso como exceção ou como pedestal pra colocar uma pessoa. Uns têm mais, outros têm menos, e uns são melhores numa coisa, outros são melhores em outras... Nada extraordinário demais pra uma convivência em sociedade, não. Sou mais da roça".

Um dos maiores impactos acontece no autoconceito da pessoa identificada, ainda que tardiamente. Ela, que antes se percebia desconforme, consegue ressignificar suas vivências a partir de outro olhar. A autoestima se fortalece, suas características peculiares passam a ser vistas por ela como parte da sua personalidade, em função do fenômeno da superdotação, e não como erros, defeitos a serem consertados.

Ao se descobrir mais capaz – o que não quer dizer melhor do que ninguém – e aprender sobre sua forma de funcionamento, a pessoa costuma começar a se ver de maneira mais positiva e passa a enxergar o mundo melhor também. Sua diferença com os outros tem uma explicação e um nome (que não é uma doença), e isso muda tudo!

O "falso *self*" vai perdendo lugar para a verdadeira natureza da pessoa, que ressurge, dando a ela uma sensação de enfim "estar em casa". Uma certa calmaria em geral passa a ser relatada pelos adultos identificados. Tantas coisas "inexplicadas" ou estranhas que aconteceram até ali parecem cobrar sentido. Soma-se a isso o conforto de pertencer a um grupo que compartilha um funcionamento similar ao seu. E certa libertação por não ter mais que se encaixar num quadrado, sendo redondo.

Em se tratando de tamanha diversidade de perfis, as etapas de pós-identificação não seguem necessariamente um roteiro. Algumas pessoas mais resistentes costumam viver ainda uma fase de choque após a conclusão do relatório. Negam o resultado e podem passar anos presas na etapa de não aceitação, principalmente as mulheres. Nesses casos, ajuda profissional qualificada e a busca por informação sobre o fenômeno são ainda mais essenciais. Somente com uma reestruturação interior é possível se reconciliar consigo mesmo, com os outros e com a vida.

Em qualquer um dos casos, quando se completa o ciclo, novos caminhos de realização pessoal e profissional se abrem.

O tão desejado fim desse túnel é a esperança de Natalia,[82] jornalista argentina que vive na Europa há anos. Na ocasião da entrevista para este livro fazia dois meses que ela tinha sido identificada, aos 34 anos. Mesmo casada, com um bom trabalho, uma linda casa, um belo carro, morando

[82] A pedido, o nome e algumas informações biográficas foram modificadas a fim de garantir o sigilo da identidade da entrevistada.

em uma cidade incrível, católica praticante e muito religiosa, sentia uma infelicidade profunda, que gerava nela ideações suicidas constantes. Sua identificação é, para ela, uma promessa de vida nova.

Natalia[83], 34 anos, jornalista argentina

"Estou em pleno processo de mudança. Minha vida está um caos neste momento. Estou tentando reconstruir minha verdadeira identidade. Porque passei 34 anos sem saber quem eu era.

[...]

Fiz mais de 20 testes, fiz teste neurocognitivo, psicológico, testes supercompletos, fui analisada. Um processo caro. Mas achei que era a única forma de ficar tranquila se realmente eu era ou não superdotada. Passei toda a minha vida, desde os 18 anos indo a psicólogos (10 em total) e psiquiatras (passei por dois), e nunca nenhum jamais levantou essa possibilidade... E isso porque dizem que na Argentina existe a maior quantidade de psicólogos do mundo. Nem a psicopedagoga, nem a escola particular onde estudei, nem a universidade privada que cursei, ninguém nunca...

[...]

Sofri bullying na escola e na faculdade, sempre fui chamada de 'louca', 'transtornada'. Sempre fui extremamente enérgica, hiperativa, sociável. Sempre chamei a atenção, fui muito rebelde, com causa, e justiceira. E isso fazia com que eu estivesse o tempo todo confrontando as autoridades, os professores, os colegas. Era cansativo estar ao meu redor.

[...]

Já morando fora, cheguei a uma depressão profunda com pensamentos suicidas. Lia o DSM [Manual de Diagnóstico e Estatístico de Transtornos Mentais], me autodiagnosticava com bipolaridade, borderline... Eu sentia que se ninguém podia me entender, nem mesmo meu psiquiatra e minha psicóloga, era porque tinha alguma coisa errada comigo – e não algo bom.

[...]

Então depois de dois anos de tratamento, minha psicóloga teve uma conversa sincera comigo, mais ou menos em setembro de 2020. Disse que não ia poder me ajudar se não descobríssemos o que acontecia. 'Porque está claro que a depressão é uma consequência de algo, mas não estamos encontrando a raiz, não estamos encontrando a causa'. E me estendeu um estudo científico com o título: 'Gifted People and their Problems' [Pessoas superdotadas e seus problemas]. Com a quantidade de problemas que eu tinha naquele momento, assim que li o título, joguei aquilo fora. Eu queria um remédio para ficar com minha cabeça tranquila. Não queria ler nada.

[...]

---

[83] A pedido, o nome e algumas informações biográficas foram modificadas a fim de garantir o sigilo da identidade da entrevistada.

Mas, coincidentemente, passados três meses, uma amiga psicóloga, também argentina, teve a filha de 7 anos identificada com altas habilidades na escola, o que levou à sua identificação também. Nós costumávamos conversar muito, porque, em um primeiro momento aqui fui diagnosticada com TDAH [Transtorno do Déficit de Atenção com Hiperatividade] e ela também recebeu esse diagnóstico com 45 anos. Cheguei até a tomar medicação que não me fez nada bem. E eu estava convencida de que não era esse meu problema. Depois da descoberta da filha e dela, essa amiga me disse que achava que eu também pudesse ter altas habilidades.

[...]

Não conseguia muito mais material a respeito, até que chegou nas minhas mãos o livro 'Demasiado inteligente para ser feliz' [de Jeanne Siaud-Facchin] e foi libertador. Foi chorar com cada página, sentir-me absolutamente identificada. E, ao mesmo tempo, sentir um nó no estômago de pensar: 'Se for isso mesmo, eu perdi 34 anos da minha vida. Se for isso mesmo, o que eu faço com tudo o que perdi? Com tudo o que eu não pude ter? Com uma adolescência que poderia ter sido diferente, mas que já passou? Com perdas de amizades e de trabalhos, conflitos familiares e conjugais que poderiam ter sido resolvidos se eu tivesse tido a possibilidade de saber quem eu era?

[...]

Logo em seguida, em dezembro de 2020, eu peguei Covid, fiquei muito tempo internada e quase morri. Foi horrível, tive pneumonia, precisei de tubo de oxigênio. E isso porque sempre fui super-saudável. Mas a sensação com a Covid, por causa da minha hipersensibilidade, era de que eu estava sendo devorada por um dinossauro, que mastigava meu corpo inteiro, e ninguém via isso.

[...]

Nessa situação, já escrevendo cartas de despedida para a família, decidi: 'pronto, acabou'. Quando nos enfrentamos com a morte, já não temos mais medo de nada. Fiquei com estresse pós-traumático, com tremedeira, ataques de ansiedade e de pânico, precisei de reabilitação para voltar a respirar, bastava caminhar para faltar fôlego e até hoje tusso muito. Assim que eu me recuperei um pouco, em fevereiro de 2021, fui falar com meu psiquiatra: 'Se você me autorizar eu entro em um avião agora mesmo para ir pra Argentina. Faz dois anos e meio que não vejo minha família e preciso fazer este teste de identificação'. Ele concordou, dizendo a seguinte frase: 'Você tem o direito de saber quem você é'. Em menos de uma semana estava desembarcando em Buenos Aires. Contatei uma e outra pessoa até encontrar uma psicóloga especializada e marcar uma bateria intensiva de testes durante uma semana com ela.

[...]

Na hora de escutar o resultado do processo, levei meu pai, porque precisava de uma testemunha da família. A psicóloga nos falou em dois resultados muito importantes. Um era que, sim, eu sou uma pessoa com altas capacidades e o outro era que ela não considerava que eu tivesse TDAH. Porque em um certo teste que as pessoas com o transtorno tiram 22, eu tinha ficado em 4 pontos. Mas destacou que é muito estreita a linha que separa o TDAH da hiperatividade das altas capacidades. Então 'a dúvida sempre vai existir, até porque uma pessoa detectada tardiamente poderia ter desenvolvido TDAH como um mecanismo de defesa para driblar as dificuldades e poder se camuflar na sociedade'. Meu pai, me lembro, ficou perdido: 'O quê? Do que vocês estão falando?'. Ele não esperava esse resultado, porque na minha família nunca me levaram a sério.

[...]

Eu não me acalmei ao escutar o resultado. Perguntei: 'E agora, o que eu faço? Porque na verdade não muda nada ter um papel, uns números, um relatório.' [risos]. Então ela me encaminhou para uma especialista no Uruguai e me passou o contato de dois superdotados. Mandei mensagem e eles foram rápidos em responder, dizendo que eu ligasse na mesma hora – um acolhimento sem igual para a ansiedade de quem tem altas habilidades. Falei cerca de uma hora com cada um por telefone e me senti muito aliviada de conhecer outros adultos identificados tardiamente, e que já estavam com suas vidas acomodadas. Me deu esperança para pensar que se atravessaram todo o processo [de aceitação] e estão podendo viver mais comodamente possível com suas mentes e com quem são, é isto que eu tenho que fazer agora.

[...]

Voltei pra Europa depois de quatro meses na Argentina. E retornei na minha psicóloga. Ela disse: 'Bom, fico feliz, em primeiro lugar, por ter sido quem deu o pontapé inicial. Segundo, claramente o que você tem se chama 'depressão existencial'. E pode ser que você tenha isso a vida inteira. Porque ser 3% da população mundial faz com que os outros 97% não te entendam. E você, sendo comunicadora, como pode comunicar algo se o outro não te entende? Precisa baixar um pouco a régua, não tem outra opção.

[...]

Hoje em dia, ser consciente da minha superdotação é uma ferramenta fundamental pra mim. Antes de me irritar ou criticar o outro, antes de questionar o outro, penso: 'Evidentemente esta pessoa não está vendo o que eu vejo. Ela não vai entender, por mais que eu explique em mil idiomas'. Daí me acalmo. Guardo isso para mim. Não me estresso e preservo a minha paz.

[...]

Vim morar aqui da primeira vez por causa do meu marido. Desta segunda vez, voltei por mim. Agora eu sei quem sou. Agora já não venho por amor, marido nem trabalho. Ter sido reconhecida me coloca em outro lugar. Me sinto mais segura de mim mesma. Sinto que agora, quando os pensamentos suicidas vêm, automaticamente estou consciente e digo: 'É minha cabeça. São meus pensamentos que não param. E, como não param, vão sempre ao limite'. Então eu diminuo o ritmo. Antes, eles chegavam ao limite e eu me deprimia, tomava todas. Não sei, talvez, tomava alguma atitude que depois me fazia sentir pior. Ou me atacava a gula. Hoje em dia digo: 'Não, não, não, pode parando. Isso não está legal. Sobe na bicicleta, vai pra academia, pensa em outra coisa, joga um joguinho ou se distrai com o Sudoku.' Estou encontrando ferramentas para me autorregular, ganhando consciência de que também tenho capacidades e não sabia.

[...]

Tomei a decisão de contar para todo mundo que eu conheço, com quem tenho certa intimidade: meus pais, tios, avós, primos, todos meus amigos mais próximos. Não quero sair anunciando isso ao vento. Ao contrário. Mas tinha a necessidade de informar para eles: 'Não quero sofrer mais, não quero ter nenhuma etiqueta. Tenho um relatório que diz quem eu sou e espero que vocês possam entender um pouco do que tem sido minha vida'. Tinha medo de que me julgassem, me dissessem 'louca'. Mas foi o contrário. Todos se desculparam pelas atitudes que tiveram comigo. E este é meu maior conselho para os outros: contem. Porque para a família também pode ser libertador.

[...]

Na minha família, passou a existir uma cumplicidade cômica, sem tensão. Um dia, estávamos jantando e alguém perguntou alguma coisa, o outro respondeu: 'A superdotada sabe'. E um terceiro emendou: 'É, pergunta para a superdotada.' A família toda sabe, então se fala disso tranquilamente. Tem que ser algo normal. É algo com o que as pessoas nascem. Elas não escolhem isso. Não é algo que se aprende. Não se adquire. Ninguém tem culpa de nascer com mais ou menos inteligência, então, por que ocultar isso?

[...]

Usei duas metáforas para explicar pros outros o que é a superdotação, assim como Jesus usava parábolas [risos]. Em uma delas me refiro à via expressa Panamericana, em Buenos Aires, que tem quatro faixas. 'Tem gente que está na faixa lenta, da direita, que vai a menos de 70 km/h. São as pessoas que têm deficiências intelectuais. Tem gente que está nas faixas do meio, entre 80 km/h e 120 km/h, que é a maioria da população mundial. Esses podem ver bem as placas, e chegam bem ao seu destino. E depois estamos, nós, na faixa rápida, da esquerda, circulando acima dos 130 km/h. Chegamos mais rápido, mas também perdemos muitas coisas do caminho.'

[...]

A outra comparação que fiz foi: 'Imaginem o motor de uma Ferrari com os freios de uma bicicleta!'. Então, a minha cabeça é assim. A impulsividade que tenho não é fácil de segurar. Eu tento me controlar muitas vezes, porque é o que mais me trouxe problemas ao longo da vida.

[...]

Eu gostaria de ter sabido das minhas capacidades na adolescência. Mas se pensar nas vantagens de ter descoberto mais velha, vou repetir o que o sacerdote me disse: 'Você sabe com que idade Jesus descobriu que era Jesus? Aos 30 anos. E morreu com 33. Ou seja, que existe um amadurecimento no ser humano a partir dos 30 anos que faz com que estejamos preparados para escutar nossa verdadeira identidade.' Não sei se eu estaria preparada na puberdade para receber esse reconhecimento. Mas agora, estava absolutamente preparada para escutá-lo.

[...]

O que acontece é que eu nunca me considerei inteligente. Sempre pensei que era tonta. Pensei que estava louca. Mas, é aquela história, se você julgar um peixe por sua capacidade de subir em uma árvore, ele vai passar toda a vida acreditando que é estúpido e nunca saberá que é único animal que pode respirar debaixo da água. E isso aconteceu comigo".

CAPÍTULO 5

EXISTE DIFERENÇA ENTRE HOMENS E MULHERES NA SUPERDOTAÇÃO?

A resposta para esta questão é "não" e "sim". Sob o ponto de vista biológico, a propensão é que exista um número aproximadamente igual de representantes masculinos e femininos com altas habilidades, já que cada grupo compõe quase metade da população (segundo o IBGE, elas eram em 2019 mais exatamente 52,2%).[84] Mas, na prática, o percentual de mulheres habilidosas identificadas, em várias partes do mundo, ainda é significativamente menor que o de homens. Isso porque as ideias construídas com base nos costumes culturais e papéis sociais, atribuídos historicamente às mulheres, dificultam que elas sejam identificadas e aceitas – até se aceitem – como pessoas de alto potencial.

Dois especialistas em superdotação que se dedicam com mais afinco às especificidades da mulher com altas habilidades são Susana Pérez Barrera, pesquisadora uruguaia que desenvolveu grande parte do seu trabalho nos 40 anos em que viveu no Brasil, e Fabrice Micheau, especialista francês em adultos superdotados, conferencista e fundador da primeira organização de *coaching* na França, em 1994, uma década antes de se descobrir uma pessoa com altas habilidades, com 35 anos de idade. Seus trabalhos estão largamente refletidos neste capítulo.

INÍCIO DA PARTIDA

Para começar essa conversa, que tal pensar em um jogo? Um jogo que envolve muito raciocínio lógico, espacial e matemático, criatividade e estratégia. No caso, mais que um jogo, um esporte intelectual que não deixa dúvidas sobre a alta capacidade cognitiva dos seus atletas de elite: o xadrez.

---

[84] Segundo a Pesquisa Nacional de Saúde 2019 (PNS), divulgada em agosto de 2021, pelo Instituto Brasileiro de Geografia e Estatística (IBGE), as mulheres correspondiam, em 2019, a 52,2% (109,4 milhões) da população residente no Brasil, além de serem maioria entre a população idosa (56,7%). Disponível em: https://agenciabrasil.ebc.com.br/saude/noticia/2021-08/ibge-mulheres-somavam-522-da-populacao-no-brasil-em-2019

Até por volta do século XV, romances e pinturas retratam o xadrez como uma atividade de entretenimento para homens, mulheres e crianças. Ao tomar um caráter mais competitivo, passou a ser considerado um passatempo "impróprio para damas" na Europa, berço da civilização Ocidental. Desde então, embora não fossem oficialmente voltados apenas para o sexo masculino, campeonatos locais, nacionais e internacionais eram disputados quase que com exclusividade entre homens até o século passado.

Apesar disso, algumas habilidosas jogadoras despontaram no século XIX. E, teoricamente, no intuito de redespertar o interesse por esse jogo entre as mulheres, em 1927, foi criado o Campeonato Mundial Feminino de Xadrez. Segregação ou estímulo? Não se sabe ao certo. De qualquer forma, quase 90 anos depois dessa iniciativa, a participação feminina continua sendo reduzida, como revelam os números da Federação Internacional de Xadrez (FIDE, da sigla em francês).

Segundo os registros da FIDE,[85] em 2020, apenas 15,6% de todos os jogadores ativos no mundo eram mulheres. Mesmo dado o conhecido desequilíbrio de oportunidades entre os dois sexos, muitos estudos tentam encontrar argumentos biológicos e comportamentais para explicar um suposto desempenho feminino aquém do masculino. Ou, sob outro ângulo, uma superioridade masculina neste esporte.

Nenhuma teoria até o momento é considerada conclusiva. Afinal, quando se trata de seres humanos, as explicações nunca são simples. A genética pesa, o estímulo do ambiente em que se cresce molda, assim como as vivências e as expectativas sempre dão suas contribuições. Mas a história excepcional de uma família húngara produziu fortes indícios de que muitas mais mulheres poderiam estar ocupando um espaço de destaque no mundo do xadrez.

Acreditando ser possível transformar qualquer criança saudável em um prodígio, o psicólogo e pedagogo László Polgár anunciou que faria um experimento com seus filhos ou filhas, antes mesmo de terem nascido. Ele e sua mulher Klára, que tiveram três meninas, optaram por não as mandar para a escola. O *homeschooling* (ensino domiciliar) não era sequer autorizado na Hungria comunista à época, entre 1970 e 1990. O casal precisou obter permissão do Estado para assumir a educação e a formação das filhas. O

[85] Disponível em: https://ratings.fide.com/download.phtml

xadrez foi escolhido como disciplina especializada e o Esperanto como língua estrangeira. Os resultados dessa proposta inusitada e inovadora impressionaram o mundo.

A primogênita Susan (nascida Zsuzsanna, 1969) mostrou seu jogo desde os 4 anos de idade, quando entrou em um clube de xadrez enevoado pela fumaça de cigarro e charuto, acompanhada pelo pai. Derrotou todos os adultos ali presentes – todos homens. Susan conquistou o título de grande mestre internacional (GM)[86] com 15 anos. Em 2007, tornou-se a primeira treinadora principal de uma equipe masculina da primeira divisão nacional dos Estados Unidos.

Sofia (Zsófia, 1974), a filha do meio, alcançou o patamar de mestre internacional[87] (MI) e marcou a história do xadrez com o episódio conhecido como "*Magistrale di Roma*" (em português, "O saque de Roma").[88] Aos 14 anos, venceu grandes mestres e levou a taça do torneio que aconteceu na capital italiana – fato inédito em uma competição "aberta" de xadrez (em que competem homens e mulheres).

Já a caçula Judit (1976) é a maior jogadora de xadrez da história até hoje. Entrou para a lista dos 100 melhores enxadristas do mundo com 12 anos e alcançou a oitava posição no ranking mundial com 20 anos. Foi a pessoa mais jovem da história a receber o título de GM até aquele momento, com 15 anos e 4 meses, quebrando um recorde que o norte-americano, Bobby Fischer, deteve por três décadas. Ela foi a mulher enxadrista nº 1 no mundo de 1989 até sua aposentadoria em 2014, sem nunca ter jogado o Campeonato Mundial Feminino.

Esse é apenas um resumo extremamente breve das conquistas da família Polgár nos tabuleiros.

---

[86] Grande Mestre (GM) ou Grande Mestre Internacional – Mais alto título concedido pela Federação Internacional de Xadrez (FIDE) aos enxadristas profissionais. É vitalício, foi criado em 1950 e depende de uma pontuação elevada no rating Elo da FIDE ou do desempenho em campeonatos que cumpram normas específicas. O Rating Elo é um método estatístico, inventado pelo físico norte-americano Arpad Elo, para calcular a força relativa entre jogadores de xadrez.

[87] Mestre Internacional (MI) – Segundo maior título concedido pela Federação Internacional de Xadrez (FIDE) aos enxadristas profissionais, abaixo apenas de grande mestre (explicado na nota anterior). É vitalício e foi criado em 1950.

[88] "Magistrale di Roma", título dado à ocasião em que Sofia Polgár, no Torneio Aberto de Roma, com 14 anos, quebrou o recorde de performance entre homens e mulheres desde a adoção do rating Elo pela Federação Internacional de Xadrez (FIDE) em 1970. Disponível em: http://www.sofiapolgar.com/. Acesso em: jul. 2021. Disponível em: https://polgarjudit.hu/. Acesso em: jul. 2021.
Disponível em: http://www.sofiapolgar.com/Rome.aspx?AspxAutoDetectCookieSupport=1. Acesso em: jul. 2021.

Apesar do que László Polgár se propôs a demonstrar, ainda no século XXI é possível ver grandes mestres do xadrez pregarem a superioridade nata masculina. Um artigo, em 2015, do GM britânico Nigel Short, na revista New in Chess,[89] escandalizou por seu teor sexista. O trecho de encerramento do texto resume sua argumentação: "Os cérebros dos homens e das mulheres são programados de formas muito diferentes, então por que deveriam funcionar da mesma maneira? Não tenho o menor problema em reconhecer que minha esposa possui um grau muito mais elevado de inteligência emocional do que eu. Da mesma forma, ela não tem vergonha de me pedir para manobrar o carro para fora de nossa garagem estreita. Um não é melhor do que o outro, apenas temos habilidades diferentes. Seria maravilhoso ver mais garotas jogando xadrez, e em um nível superior, mas em vez de nos preocuparmos com a desigualdade, talvez devêssemos aceitá-la graciosamente como um fato" (em tradução livre).

O artigo também fazia menção à rainha do jogo: "Não adianta falar da recém-aposentada Judit Polgár como prova de que as mulheres são tão boas quanto os homens, pois a brilhante húngara é claramente um ponto fora da curva". Judit rebateu publicamente pelo Twitter: "Homens e mulheres são diferentes, mas há diferentes maneiras de pensar e lutar que atingem os mesmos resultados". Depois de ser duramente criticado nas mídias tradicionais e sociais, Short defendeu, em publicação no Twitter, que "Jamais disse que as mulheres têm cérebros inferiores".

Todo o debate demonstra, na verdade, que mesmo entre cérebros superafiados, as questões culturais também pesam imensamente e continuam reforçando os estereótipos na psicologia social. Durante toda a carreira das três irmãs, foram muitos os homens que atribuíram a derrota que sofreram para elas a "um dia ruim" ou "uma dor de cabeça". Além de outros tantos simplesmente terem deixado a mesa de jogo sem o tradicional e respeitoso aperto de mãos entre oponentes.

Mas existem também sinais de mudança. Em 1989, Garry Kasparov, da República Socialista Soviética do Azerbaijão, chegou a dizer em entrevista para a revista Playboy que: "Existe o xadrez de verdade e o xadrez feminino.

---

[89] SHORT, Nigel. Vive la Différence – the full story. Revista New In Chess, 22 abr. 2015. Texto publicado na íntegra na versão digital da revista **New In Chess**. Disponível em: https://en.chessbase.com/post/vive-la-diffrence-the-full-story. Acesso em: jul. 2021.

Algumas pessoas não gostam de ouvir isso, mas o xadrez não combina bem com as mulheres. É uma luta, sabe? Uma grande luta. Não é para mulheres. Desculpe. [...] As mulheres são lutadoras mais fracas."[90] Sobre Judit, Kasparov afirmou em 1990: "Ela tem um talento fantástico para o xadrez, mas, afinal, é uma mulher. Tudo se resume às imperfeições da psique feminina. Nenhuma mulher pode sustentar uma batalha prolongada. Ela está lutando contra um hábito de séculos e séculos e séculos, desde o começo do mundo".[91]

No início dos anos 2000, no entanto, já tendo assistido à Susan, Sofia e Judit baterem diversos GMs e MIs, e tendo ele mesmo perdido para a caçula, Kasparov se retratou publicamente. "As irmãs Polgár mostraram que não há limitações inerentes à sua aptidão – uma ideia que muitos jogadores do sexo masculino se recusaram a aceitar até que, sem a menor cerimônia, foram esmagados por uma garota de 12 anos com um rabo de cavalo".[92]

Esta postura de Kasparov foi reafirmada, muito recentemente, quando se prestou a consultor da minissérie *O Gambito da Rainha*. Sete episódios contam a história da personagem Beth Harmon, garota órfã que se mostra uma genial e geniosa jogadora de xadrez nos anos 1950 e tem no vício em drogas e álcool seu maior rival. A produção do Netflix se tornou, inesperadamente, o maior sucesso entre as séries do serviço de *streaming*, alcançando a primeira posição em 60 países durante sua estreia, entre outubro e novembro de 2020. A minissérie é baseada no romance homônimo do norte-americano Walter Trevis, lançado em 1983 – e bastante fiel a ele.

Os especialistas em xadrez entendem Beth como uma versão feminina de Bobby Fischer, por seu empenho em derrotar a máquina soviética. Ironicamente, aquele mesmo Fischer desbancado por Judit na sua precocidade e bastante conhecido por afirmações contra as mulheres, como: "são péssimas jogadoras de xadrez" e "Não acho que elas devam mexer em assuntos intelectuais; devem manter-se estritamente em casa".[93]

---

[90] Em entrevista concedida por Gary Kasparov à revista americana Playboy, publicada na edição de novembro de 1989 (p. 61-73).

[91] Em matéria de Franz Lidz publicada sob o título "Kid with a killer game", na revista **Sports Illustrated**, v. 72, n. 6, 12 fev. 1990.

[92] KASPAROV, Garry. **Xeque-mate**: a vida é um jogo de xadrez. Rio de Janeiro: Campus-Elsevier, 2007.

[93] Alguns dos comentários de Bobby Fischer aos 19 anos de idade sobre enxadristas mulheres durante entrevista para Bob Quintrell, em 1963, no canal de TV CBC (Canadian Broadcast Corporation). Disponível em: https://twitter.com/chess24com/status/969232195243200518

A REALIDADE JOGA CONTRA

Saindo do mundo dos 64 quadrados, é possível ver a realidade do microcosmo do xadrez se repetir na vida de homens e mulheres de alto potencial. A mesma conjunção de fatores sistêmicos e sociais, carregados de sexismo, afeta o caminho das mulheres mais capazes na realização de seu potencial.

"Existe uma forte tendência a socializar meninos e meninas de formas diferentes, mesmo que as pessoas não estejam cientes disso", destaca Susana Pérez Barrera em sua tese de doutorado sobre adultos superdotados e tese de pós-doutorado sobre mulheres superdotadas.[94] "É só entrar em uma loja de brinquedos e ver os tipos de desafios oferecidos na cor rosa e em azul", comentou em entrevista dada para este livro.

Observando o que cada grupo de brinquedo propõe, as meninas ficam principalmente com atividades do lar (panelinha, fogãozinho, casinha, bonecas), artes e cuidados com a beleza. Já os meninos são mais estimulados a criarem e fazerem coisas, aventurarem-se e desbravarem o ambiente com ferramentas, diversos meios de transporte e armas de super-heróis.

Com o empenho pela conscientização da igualdade de gênero, as coisas aos poucos vão mudando. Os brinquedos vão ganhando mais colorido e menos direcionamento. Já é possível encontrar – embora não com facilidade – panelinhas que não sejam cor de rosa, por exemplo. Mas ainda se vê com estranheza um menino brincando de boneca, ou uma menina encantada diante de uma pista de corrida. A maior parte das crianças que se interessa pelos objetos que não são socialmente entendidos como da sua "categoria" costuma ser alertada pelos adultos com velhos mantras: "Boneca e cozinha são coisas de menina" e "Carrinho e bola são coisas de menino".

Assim são transmitidos e reforçados os acordos sociais, as bases para o funcionamento dos grupos, como descrito por Carlos Tinoco, no terceiro capítulo. O psicanalista francês observa que os seres humanos estão sempre contando histórias ou construindo histórias que têm duas funções: dar alguma inteligibilidade ao mundo (alguma explicação de como o mundo funciona) e determinar a lei do grupo.

[94] PÉREZ, Susana Graciela Pérez Barrera; FREITAS, Soraia Napoleão. A mulher com altas habilidades/superdotação: à procura de uma identidade. **Revista Brasileira de Educação Especial**, Marília, v. 18, n. 4, p. 677-694, out./dez. 2012. Este trabalho derivou da tese de doutorado de Susana Pérez Barrera: "Ser ou não ser, eis a questão: o processo de construção da identidade na pessoa com altas habilidades/superdotação adulta" (2008).

"Essas narrativas são uma justificativa fantástica para a coesão das sociedades. Mesmo em sociedades onde a ordem social cria grande sofrimento. Em sociedades desiguais, que são quase todas as sociedades, sempre há histórias para justificar essa desigualdade. E as histórias não são compartilhadas apenas por aqueles que se beneficiaram com essa desigualdade, mas principalmente por aqueles que sofrem por causa dela. Quando você é uma mulher na sociedade patriarcal, é sua mãe quem lhe ensina que você é inferior. Se você era negro nos Estados Unidos na década de 30, era sua família que dizia que os brancos eram melhores. E assim por diante...", expõe Tinoco.

Desde criancinha, as meninas são incentivadas a cumprirem com as obrigações do lar, agindo como "mocinhas". A energia e a curiosidade infantil pelo mundo muitas vezes são reprimidas nelas num esforço em calar, aquietar e enquadrar. Deixando-as, consequentemente, mais restritas para explorar diferentes ambientes. Consequência deste tipo de educação é que a autoconfiança e a autoestima delas podem ser abaladas desde a primeira infância. O impacto disso tende a ter uma reverberação ainda maior nas garotas de alto potencial, que vivem com a mente hiperestimulada e a sensibilidade à flor da pele. Os meninos, por sua vez, tendem a ser criados mais soltos, autorizados a se expressar, liberados para essa exploração, exercendo sua independência e liderança.

Conforme crescem nesse contexto, eles "naturalmente" desenvolvem mais noções espaciais e certa inclinação a tomar iniciativa, habilidades importantes para a engenharia, o xadrez e tantos outros campos intelectuais e científicos. Enquanto isso, grande parte das meninas, especialmente em algumas regiões do mundo, seguem sendo ensinadas a aceitar, a se adaptar, a respaldar e contribuir com a perpetuação das normas vigentes. Mas quando criadas para atingirem seu máximo potencial, sem serem limitadas pelos papéis estabelecidos na sociedade, surge uma Susan, ou uma Sofia, ou uma Judit.

A postura de László Polgár foi decisiva para evitar que suas filhas desenvolvessem comportamentos de submissão dados como "naturais" em muitas sociedades ainda atualmente. Ele mesmo um jogador e professor de xadrez, nunca concordou com a ideia de que as mulheres devessem participar de eventos exclusivamente femininos. "A segregação perpetua a desigualdade de desempenho entre homens e mulheres",[95] pontuou a respeito disso e fez mudar a regra do jogo no seu país, a Hungria, para que as meninas pudessem disputar os campeonatos ditos "abertos" (para ambos os sexos). "As mulheres são capazes de alcançar resultados semelhantes aos dos homens nas atividades intelectuais",[96] é outra colocação dele.

Além da educação dada pelos pais, o fato de não terem frequentado a escola provavelmente reduziu também o impacto da "ameaça de estereótipo" sobre as irmãs Polgár. Esse fenômeno é experimentado pelas pessoas de um grupo estereotipado como inferior no quesito intelectual, como mulheres, negros e pobres. Os integrantes desses grupos, quando estão cientes dos estereótipos, são tomados de insegurança e ansiedade por receio de apresentar um pior desempenho.

Este comportamento foi evidenciado em pesquisa com xadrez online, publicada em 2008 no *European Journal of Social Psychology*.[97] Combinados por habilidade, 42 pares de homens e mulheres jogaram duas partidas de xadrez pela internet. As jogadoras demonstraram uma queda drástica de performance apenas quando sabiam estar travando uma disputa contra homens. Quando elas acreditavam estar jogando contra uma mulher – o que não era verdade –, se saíram tão bem quanto seus oponentes masculinos.

"Sua autoconfiança e interesse acabam reduzidos, alimentando, assim, um círculo vicioso de profecias autorrealizáveis", explica David Smerdon sobre as crenças criadas em função da ameaça de estereótipo, em artigo no site *The Conversation*.[98] Ex-jogador de xadrez da seleção australiana, economista e professor universitário, Smerdon e colegas também fizeram um estudo sobre o assunto, publicado em 2020 na *Psychological Science*.[99] Ao

[95] LIDZ, Franz. Kid with a killer game. Revista **Sports Illustrated**, v. 72, n. 6, 12 fev. 1990.

[96] KOZA, Patricia. Sisters test male domination of chess. Jornal **The Mohave Daily Miner**, Arizona, EUA, p. B2, 9 nov. 1986. Disponível em: https://www.upi.com/Archives/1986/11/09/Sisters-test-male-domination-of-chess/2355531896400/

[97] MAASS, Anne; D'ETTOLE, Claudio; CADINU, Mara. Checkmate? The role of gender stereotypes in the ultimate intellectual sport. **European Journal of Social Psychology**, 2007. Disponível em: https://onlinelibrary.wiley.com/doi/abs/10.1002/ejsp.440

[98] SMERDON, David. What's behind the gender imbalance in top-level chess? **The Conversation**, dez. 2020. Disponível em: https://theconversation.com/whats-behind-the-gender-imbalance-in-top-level-chess-150637

[99] SMERDON, David; HU, Hairong; McLENNAN, Andrew et al. Female chess players show typical stereotype-threat effects: commentary on stafford. **Psychological Science**, v. 31, n. 6, p. 756-759, 2020. Disponível em: https://journals.sagepub.com/doi/abs/10.1177/0956797620924051?journalCode=pssa&

analisar um conjunto de dados de mais de 180 mil jogadores e oito milhões de jogos de torneio classificatórios, encontraram evidências de que de fato essa ameaça joga contra as mulheres no xadrez.

Estar diante de um adversário homem não gerava travas nas irmãs Polgár. Os comentários do ex-campeão americano de xadrez, Joel Benjamin, sobre uma partida contra Judit, ainda adolescente, é clara nesse sentido. Imputou à rival características pouco esperadas em uma menina, mas extremamente valorizadas em qualquer praticante do esporte. "Ela é um tigre no tabuleiro de xadrez. Ela tem um instinto absolutamente assassino. Você comete um erro e ela vai direto na sua garganta".[100]

Essa descrição aponta ainda para outra questão usada muitas vezes para explicar a prevalência de homens no xadrez e em diversas outras áreas. Por muito tempo se atribuiu a propensão à agressividade, à competitividade e a correr riscos aos níveis mais elevados de testosterona encontrados nos homens. Este hormônio é responsável, entre outras coisas, pelo surgimento do órgão sexual masculino, de massa muscular e de pelos mais grossos pelo corpo. Entretanto, já se descobriu, mais recentemente, que a testosterona não cria comportamentos, mas, sim, tende a reforçá-los.

László Polgár certa vez afirmou sobre a história da sua família: "Os homens devem ser inteligentes e fortes. As mulheres devem ser bonitas e cuidar da família. Só então, se tiverem tempo, poderão ser inteligentes. Espero que a experiência ajude a mudar esse preconceito".[101]

Dois depoimentos publicados no site *Xadrez no Brasil*[102] exemplificam essa dinâmica:

Roy Portas (sul da Califórnia, EUA), lembra: Eu acho que há definitivamente algum viés cultural/sociológico que torna mais difícil para as mulheres se destacar no xadrez. Percebi há alguns anos (depois de ter sido apontado por uma ex-namorada), que eu estava tomando um papel muito mais ativo na educação de xadrez do meu sobrinho do que com a minha sobrinha, apesar do fato de ela estar mais ansiosa para jogar, mais disposta a aprender e parecia levar mais jeito para o jogo. Eu inconscientemente não

---

[100] HERTAN, Charles. **Strike like Judit!**: the winning tactics of chess legend Judit Polgar. Alkmaar, NL: New in Chess, 2018.

[101] HARTSTON, William. A man with a talent for creating genius: William Hartston meets Laszlo Polgar, the father of three world-class chess players. Jornal inglês **The Independent**, 12 jan. 1993.

[102] POMAR, Marcelo. Mulheres e homens no xadrez: esmagando estereótipos. **Xadrez Brasil**, 5 ago. 2014. Disponível em: https://xadrezdobrasil.com/2014/08/05/mulheres-e-homens-no-xadrez-esmagando-estereotipos

tinha levado seu interesse em xadrez a sério e fiquei envergonhado quando eu percebi que estava ajudando a perpetuar o mito de que os meninos são melhores jogadores de xadrez.

Michael Ziern (Frankfurt, Alemanha), acrescenta: É difícil convencer os pais a enviar as meninas para torneios, junto aos seus colegas de clube. Os pais muitas vezes têm medo de permitir a sua menina de 10 ou 12 anos de idade a viajar com um grupo de rapazes e homens. Se as meninas jogam menos torneios, elas não melhoram tão rapidamente e perdem o interesse.

Lucía, 26 anos, química uruguaia

"Meu pai está superfascinado com meu meio irmãozinho de 8 anos, que tem altas habilidades, e eu digo para ele: 'Olha que eu fiz tudo isso, só que três anos antes, e você não ficava comemorando'. Essa discriminação entre os irmãos é cruel. Eu entendo que os pais devem festejar as conquistas dos filhos, mas questiono: 'por que tanta festa com algo que deveria ser normal pra você, se eu e minha irmã fizemos isso até antes, inclusive?' Mas como é menino...

[...]

Eu tenho um horror desse tipo de atitude. Me tira do sério. São sutilezas, os micromachismos são muito sutis, mas eu noto logo. Esse tipo de coisa faz com que eu me sinta mal naquele lugar, e que queira ir embora".

CAMUFLAGEM E MIMETISMO

Devido a toda essa construção social em torno dos papéis masculino e feminino e do consequente comportamento resultante nos seus grupos, é mais difícil identificar as mulheres com altas habilidades, mesmo quando ainda são meninas. Geralmente elas se esforçam muito para se adaptarem às normas sociais. Embora aparentemente tenham o resultado que buscam, esse esforço de adaptação, chamado em alguns casos de "camuflagem social", tem um alto custo para essas garotas. Pelos mesmos motivos, até mesmo os diagnósticos de distúrbios associados são mais difíceis de se fazer em meninas, como Transtorno de Déficit de Atenção com ou sem Hiperatividade (TDA ou TDAH) e autismo (principalmente Asperger).

Dentro do ambiente escolar, os meninos com alto potencial tendem a demonstrar mais abertamente o desconforto com as normas e as incongruências que enxergam. Ao mostrarem suas dificuldades de uma forma muito mais barulhenta, atraem os olhares para si; enquanto as meninas tendem a ser mais discretas e inibidas. Elas costumam esconder seu descontentamento e seu sofrimento e costumam se sabotar. Esforçam-se mais para serem boas alunas, buscam evitar ser diferentes de seus colegas, preferem não perturbar a aula.

Dado o papel feminino estabelecido na sociedade, elas em geral sentem uma enorme necessidade de serem amadas e aprovadas. Em grande parte por isso, aquelas com altas habilidades buscam mais a aceitação e o amor dos outros. Vivem divididas entre o que realmente gostam e aquilo que fazem querendo agradar ou se adaptar ao tido como "normal" entre as meninas de sua idade. Para algumas adolescentes, o interesse por matemática, xadrez ou outros assuntos tradicionalmente dominados pela classe masculina, chega a gerar certo medo de perder a feminilidade.

As garotas que, mais que boas alunas, apresentam um excelente desempenho chegam a ser rejeitadas pelos colegas, o que costuma ser ainda mais difícil de gerenciar devido à grande sensibilidade característica das mais habilidosas. O receio dessa rejeição representa outro forte motivo para as meninas esconderem seu potencial. Mas, ao esconderem suas performances em troca de integração, acabam sofrendo uma perda de confiança em si mesmas e nas suas capacidades, comprometendo o seu futuro e gerando uma perda de identidade.

Mesmo quando limitadas em muitos aspectos pelas normas sociais, as meninas de alto potencial tenderão a ser muito curiosas, observadoras e a terem uma personalidade forte. Apesar dos ares de autoconfiança, podem duvidar muito de si mesmas, deixando espaço de sobra para que os outros lhes digam quanto valem. Enquanto os garotos e homens costumam atribuir o sucesso à sua própria capacidade, elas são levadas a atribuir seus sucessos à sorte ou ao esforço.

Quando se destacam, o mais provável é que seus familiares acreditem que a garota é "muito inteligente" ou tem "mais facilidade". A maior parte chega à fase adulta sem reconhecer sua condição porque, em determinados círculos, é simplesmente impensável que mulheres sejam superdotadas. E entre as mulheres negras ainda existe o agravante do racismo. Por toda essa mentalidade dominante, costumam precisar de muito reconhecimento e encorajamento para aceitarem sua identidade como pessoas com altas habilidades, mesmo quando identificadas oficialmente.

Daniel[103], 54 anos, pediatra suíço

"Minha filha é muito bem-sucedida em diferentes áreas e não tem problemas de relacionamento, nem com nada. Ela tem 10 anos e é sempre perfeita em tudo. Ela é boa na escola e não incomoda na sala de aula. Mas ninguém diz: 'Talvez ela seja superdotada'. Se ela fosse um menino, teriam dito: 'Nossa, mas ele faz isso e faz aquilo e faz outra coisa mais. Ele é superdotado'. Esse é provavelmente o problema com as meninas. Elas são mais adaptáveis.

[...]

Nos atendimentos [Daniel é pediatra na Suíça] os pais e as mães acreditam mais quando eu sugiro que o filho deles pode ter superdotação do que quando eu falo da filha deles. Eu combato muito essa discriminação".

Os dados do *Google Trends*[104] confirmam essa mentalidade. "Os pais são duas vezes e meia mais propensos a perguntar: 'Meu filho é brilhante?' do que 'Minha filha é brilhante?'. Os pais demonstram um preconceito parecido ao usar outras frases relacionadas à inteligência como: 'Meu filho é um gênio?'", expõe Seth Stephens-Davidowitz no livro em que revela o que as pessoas realmente pensam quando ninguém está olhando, ou seja, quando estão digitando suas dúvidas mais íntimas na internet.[105]

Pela experiência dos profissionais especializados no tema, a identificação das meninas acaba acontecendo mais por acaso. Muitos pais que buscam a identificação dos filhos homens recebem a recomendação de

---

103 A pedido, o nome e algumas informações biográficas foram modificadas a fim de garantir o sigilo da identidade do entrevistado.

104 *Google Trends* é uma ferramenta do Google que mostra os mais populares termos buscados em um passado recente. A ferramenta apresenta gráficos com a frequência em que um termo particular é procurado em várias regiões do mundo, e em vários idiomas. (Wikipedia) "Nossa missão é organizar as informações do mundo para que sejam universalmente acessíveis e úteis para todos", segundo o próprio site do *Google Trends*.

105 STEPHENS-DAVIDOWITZ, Seth. **Todo mundo mente**: o que a internet e os dados dizem sobre quem realmente somos. Rio de Janeiro: Alta Books, 2018. p. 154.

olharem também para suas filhas. No Brasil, menos de 38% das crianças identificadas em idade escolar são meninas, destaca Susana Pérez Barrera em seu pós-doutorado sobre mulheres superdotadas.[106] Em razão disso elas se beneficiam menos das medidas de enriquecimento na escola e em casa, deixando de nutrir e explorar suas habilidades.

Susana Pérez Barrera apresenta dados de que essa conjuntura se repete em distintos países: "Vários autores referem maior dificuldade para identificar mulheres do que homens com AH/SD (LANDAU, 2002; ELLIS; WILLINSKY, 1999; BENITO MATE, 1999; DOMÍNGUEZ RODRÍGUEZ et al., 2003; GARCÍA COLMENARES, 1997), porque uma das atitudes adotadas por elas é a ocultação das AH/SD. Desde a adolescência, as mulheres tendem a valorizar mais as relações sociais, preocupando-se mais em agradar aos outros ou com a aprovação dos outros. Reis [Sally M. Reis] (2002) refere uma pesquisa de Buescher et al. (1987), na qual 65% das adolescentes superdotadas escondem suas habilidades e que, segundo Walker, Reis e Leonard (1992), três de cada quatro mulheres superdotadas não acreditam na sua inteligência superior".[107] Neste trecho da tese, os autores citados pela pesquisadora são dos Estados Unidos, Espanha e Brasil.

A pesquisadora destaca em seus trabalhos a análise de Sally M. Reis, psicóloga norte-americana referência mundial na área de pesquisa em superdotação e educação para crianças de alto potencial: "O excessivo fomento dos 'bons modos' na infância pode atrofiar a atitude das mulheres, assim como sua capacidade de questionar e se impor, promovendo uma passividade que cria uma jovem que não pergunta ou que não levanta a mão na sala de aula".[108]

Um fator importante encontrado nos estudos de Susana Pérez Barrera que impacta o não reconhecimento de mulheres com altas habilidades – e, em consequência, o não reconhecimento de sua identidade como pessoa superdotada – está vinculado à falta ou ao desconhecimento de modelos femininos de sucesso, especialmente em áreas dominadas por homens. "Quando elas

[106] PÉREZ; FREITAS, *op. cit.*

[107] PÉREZ, Susana Graciela Pérez Barrera: "Ser ou não ser, eis a questão: o processo de construção da identidade na pessoa com altas habilidades/superdotação adulta". Tese apresentada como requisito para a obtenção do grau de Doutor pelo Programa de Pós-Graduação da Faculdade de Educação Pontifícia Universidade Católica do Rio Grande do Sul, 2008.

[108] PÉREZ; FREITAS, *op. cit.*

não contam com modelos, comportamentos, atitudes, valores e/ou expectativas de referência, a constituição da identidade não pode ser concluída e, em certas ocasiões, tem que ser 'negociada'", afirmou em entrevista.

Ciente dessa questão, Judit Polgár declara em seu site: "Estou convencida de que minha trajetória de vida pode ser um exemplo para as meninas".[109] Para fazer valer essa convicção e aumentar as possibilidades de sucesso das meninas em sua área, ela conseguiu tornar o xadrez uma disciplina independente nas séries iniciais das escolas primárias na Hungria.

Mundo afora, é possível ver um crescimento expressivo da participação feminina neste esporte ao longo da história das irmãs Polgár. Em 1990, a representatividade feminina na FIDE era de 2%, em 2005 esse percentual mais que dobrou, passando para 5%. Agora, em 2021 atinge pouco mais de 15%, como dito no início deste capítulo.

A série *O Gambito da Rainha* também pode contribuir com essa escalada. O sucesso da produção despertou um interesse geral pelo jogo em 2020, mundialmente. "Se veremos um 'Efeito Netflix' na diferença de gênero no xadrez, só o tempo dirá", arrematou David Smerdon em seu artigo no site The Conversation.[110]

A ARTE DE ESCONDER O JOGO

Na adolescência, juventude e vida adulta, a mulher com altas habilidades se depara com outra questão que complica sua vida: a regra implícita de que a inteligência percebida nas mulheres é inversamente proporcional às suas chances de sedução.

Zenita Guenther, uma das maiores autoridades em superdotação no Brasil, fundadora do Centro para o Desenvolvimento do Potencial e Talento (CEDET), destacou em conversa para este livro: "A sociedade, especificamente a latina, é muito exigente com a mulher para ela não fazer, para ela não aparecer, para ela ficar atrás de um homem [...]" Para Zenita, a "piadinha do tempo de Marilyn Monroe" escancara a questão: "A maior inteligência da mulher é ser uma loira burra, porque essas se casam melhor e têm uma vida de rainha. Para que ela quer ser inteligente?".

---

109 Site oficial de Judit Polgár: https://polgarjudit.hu/

110 SMERDON, *op. cit.*

Em função da maneira como funciona, a mente questionadora e inquieta da mulher de alto potencial busca uma interação diferente com os homens, de igual para igual. Isso pode impressioná-los bem a princípio (embora alguns interpretem essa abordagem como uma aproximação com segundas intenções, o que pode render constrangimentos). Entretanto, lidar constantemente com uma figura feminina mais inteligente dentro de casa ou no trabalho pode gerar insegurança neles e representar um grande incômodo, chegando a ser insuportável para muitos maridos e profissionais.

Muitos homens se sentem ameaçados por uma mulher perspicaz e brilhante. Mais uma vez, a mulher de alto potencial precisa "esconder o jogo" para não sair perdendo de todo. E para completar o cenário, a postura de igualdade intelectual com os homens, daquelas que se atrevem, pode gerar ainda ciúme inconsciente de outras mulheres.

Quando chegam à fase adulta, as mulheres com altas habilidades – mesmo as que não tenham sido identificadas – já aprenderam que se destacar tende a afastar os outros. Desdobram-se para não assustarem os homens, quando querem ser desejadas, e para não serem rejeitadas pela roda de mulheres da qual querem participar. O efeito adverso disso é a perda de confiança em si mesmas e a perda de identidade. Além disso, chegam a desenvolver um certo medo do sucesso, por não quererem chamar demais a atenção, para não parecerem "superiores" ou "pretensiosas".

Os últimos termos estão entre aspas para destacar que essas são interpretações a respeito dessas mulheres e não características delas. Isso porque a hipersensibilidade feminina e sua relação com as emoções são avaliadas com padrões masculinos, principalmente no mercado de trabalho. Um homem com um comportamento assertivo será dado como autoconfiante, como um líder. Já a mulher com a mesma atitude tende a ser vista como arrogante, agressiva ou pouco feminina. Assim como o homem costuma ser qualificado como perseverante e a mulher rotulada como teimosa, quando insistem nas ideias que acreditam e defendem.

"Elas serão degradadas por suas características femininas: sensibilidade, emocionalidade, sentimentalismo, hormônios", destaca Fabrice Micheau, quando se refere, principalmente, ao ambiente laboral. E ainda alerta: consequência disso é que, em consulta, as mulheres estão mais expostas a serem enquadradas com transtornos mentais. Enquanto o homem é "firme", "determinado", "autoconfiante", a mulher costuma ser avaliada como "histérica", "bipolar" ou "colérica".

Na visão de Micheau, uma vantagem de ser mulher e não um homem atípico, é que elas falam mais facilmente sobre suas emoções. Conhecendo seus sentimentos e identificando-os, as mulheres com altas habilidades (muito mais do que os homens) procuram compreender e dar sentido ao que vivem. Assim, elas se tornam mais propensas a intervir em seu estado emocional para poder ajustá-lo ou administrá-lo. Com isso, muitas vezes, conseguem se reinventar e ressignificar experiências que vivenciam graças à sua grande capacidade de introspecção.

Em geral, as pessoas com altas habilidades apreciam e precisam de momentos introspectivos. Se a necessidade de se recolher é de grande valor para a saúde mental de qualquer um, para as mentes aceleradas é essencial. Trata-se mais de uma questão de autorregulação. No caso das mulheres, no entanto, demandar um tempo somente para si, sem o parceiro – e, mais ainda, sem filhos – é difícil. E, ao fazê-lo, a demanda costuma ser interpretada como desencanto ou fuga da relação por alguns parceiros. Entretanto, a falta desse espaço, em seu extremo, pode levar a situações dramáticas, como depressão, *burnout*, ataques de agressividade.

A gravidez pode ser um desafio à parte para as mulheres atípicas. Essa fase envolve intensas variações hormonais, físicas, emocionais e muitas novas sensações. Além, é claro, das demandas que nascem com a criança, alterando o estilo de vida dos pais e comprometendo a liberdade, principalmente, das mães. Nas mulheres de alta sensibilidade, os impactos dessas mudanças internas e externas tendem a ser potencializados e sentidos ao extremo.

Quando formam uma família, grande parte das mulheres se preocupa com o outro e se esquece de si própria. As mulheres de alto potencial não são diferentes neste ponto. Se não se cuidarem, elas tendem a desaparecer frente ao marido, e mais ainda, frente às crianças, quando têm filhos.

Novos questionamentos entram em jogo, junto a uma sensação de que não há movimento de peças que permitam uma vitória nesse xadrez da vida adulta. Muitas mulheres, hoje, são as principais provedoras de renda em seus relacionamentos e, ainda assim, seguem sendo responsáveis pela maior parte do trabalho não remunerado dentro de casa (afazeres domésticos e cuidados de pessoas). Algumas se sentem culpadas e ressentidas por suas múltiplas funções. Tudo isso é vivido de forma amplificada pelas mulheres superdotadas.

Em outros casos, "ter que" administrar a vida familiar representa postergar o desenvolvimento profissional, em especial para se dedicarem mais aos filhos. A carreira pode ter de ser colocada em segundo plano. Nessa conjuntura, "as mulheres superdotadas acabam canalizando sua criatividade a atividades relacionadas à família e ao lar, em atividades manuais, na forma de preparar a comida ou decorar a casa ou na confecção de roupas", na análise de Sally M. Reis.[111]

Luciane, 38 anos, pedagoga brasileira

"Eu lembro que tinha duas creches e uma escola na rua da minha casa. Eu passava ali a pé, quando ia trabalhar e ficava pensando assim nas crianças que entram ali às 7 da manhã. No final do dia, eu pensava em frente de novo, e via, as mesmas mães que deixavam os pequenos de manhã, pegando as crianças no fim do dia. Parecia que eu via um filme da vida delas.... Elas trazem essa pobre dessa criança bem cedo, trabalham o dia todo, daí depois de pegar na escola tem o banho, a comida, a lição, o uniforme, a casa... E essa mulher, coitada, ela vai por último tomar banho, cai na cama. No outro dia às 5 e pouco da manhã ela está de novo acordada. E o que que ela deve fazer no fim de semana? Muito óbvio: limpa casa, faz mercado, lava roupa, e vive em função de casa e filho. Isso nunca me animou. Eu quero estudar, gosto de ler, preciso de silêncio...

[...]

Então isso sempre foi incompatível pra mim, sabe? Eu preciso muito desse tempo sozinha, eu preciso muito digerir esses problemas da condição humana. Analisar a questão, por exemplo, da morte, ou de um problema tão profundo de dor e sofrimento. Eu preciso sempre voltar a esses temas. Agora com toda essa pandemia. Eu gosto de analisar como isso nos afeta. E eu sei que pra outras pessoas isso parece: 'meu Deus, é a vida!' Mas pra mim, é muito importante. Então eu leio, eu vejo palestra, eu adoro estudar sobre isso, de pensar, de questionar, de lidar, de avaliar, porque eu gosto do sentido das coisas. Eu gosto muito do sentido, de tudo".

[111] PÉREZ; FREITAS, *op. cit.*

UM CAVALO DE VANTAGEM

Profissionalmente, como são movidas pela paixão e pelo idealismo, quando encontram sentido no seu trabalho, as mulheres de alto potencial se envolvem intensamente. Dão tudo de si. Devido ao seu perfeccionismo e à sua empatia têm dificuldade de limitarem o que é bom e o que é ruim para elas, o que é normal e o que não é, o que elas deveriam ou não aceitar. Assim vão concentrando e aceitando muitas mais tarefas do que o que seria equilibrado, como "mãezonas" de todos que trabalham ao seu redor.

Mesmo as mulheres mais talentosas se preocupam – e muito – com as críticas. Embora as entregas que fazem habitualmente sejam de qualidade acima do esperado, seu elevadíssimo nível de autoexigência faz com que elas acreditem que deveriam entregar um trabalho melhor. Esse alto grau de perfeccionismo pode levar a uma desordem psicológica conhecida como "síndrome do impostor". A pessoa se sente uma fraude, porque a percepção que desenvolve sobre si mesma está atrelada à incompetência ou insuficiência, alimentando sentimentos de demérito e inadequação.

A balança fica ainda mais desequilibrada para o lado feminino, porque as mulheres em geral se preparam melhor para o mercado de trabalho, mas são recompensadas com salários menores do que os dos homens. Dados do Instituto Brasileiro de Geografia e Estatística (IBGE) mostram que as brasileiras apresentam um número maior de anos de estudo que os brasileiros, dentre a população ocupada com mais de 16 anos de idade.

Mesmo assim, segundo dados do estudo *Diferença do rendimento do trabalho de mulheres e homens nos grupos ocupacionais – Pnad Contínua 2018*,[112] ainda que tenha havido uma queda na desigualdade salarial entre 2012 e 2018, as mulheres seguem ganhando, em média, 20,5% menos que os homens no país. Elas representam 45,3% da força de trabalho e têm, em média, uma jornada semanal de trabalho menor em 4,8 horas – sem considerar o tempo dedicado a afazeres domésticos e cuidados com outras pessoas.

"As ocupações com maior nível de instrução também mostram rendimentos desiguais entre homens e mulheres. Entre os professores do ensino fundamental, as mulheres recebiam 90,5% do rendimento dos homens. Já

[112] OLIVEIRA, Nielmar. Mulher ganha em média 79,5% do salário do homem, diz IBGE. **Agência Brasil**, Rio de Janeiro, 8 mar. 2019. Disponível em: https://agenciabrasil.ebc.com.br/economia/noticia/2019-03/mulheres-brasileiras-ainda-ganham-menos-que-os-homens-diz-ibge

entre os professores de universidades e do ensino superior, o rendimento das mulheres equivalia a 82,6% do recebido pelos homens. Outras ocupações de nível de instrução mais elevado, como médicos especialistas e advogados, mostravam participações femininas em torno de 52% e uma diferença maior entre os rendimentos de mulheres e homens, com percentuais de 71,8% e 72,6%, respectivamente", divulgou a Agência Brasil na ocasião do lançamento da pesquisa, em 2019.[113]

Um estudo feito com dados do terceiro trimestre de 2020 da Pesquisa Nacional por Amostra de Domicílios Contínua (PNAD Contínua),[114] do IBGE, revelou que nos níveis de liderança, a diferença é ainda mais gritante. No setor de saúde, em plena pandemia do novo coronavírus, as mulheres em cargos de chefia ganhavam, em média, 37% do que recebiam homens em cargos equivalentes. O salário deles ficava, em média, em R$ 25.073 e o delas, em R$ 9.215. Embora as mulheres representassem 72% dos trabalhadores da saúde, eram minoria entre os postos hierárquicos mais altos. As pesquisadoras Cristiane Soares e Hildete Pereira de Melo, da Universidade Federal Fluminense (UFF) perceberam que a diferença do setor de saúde era maior do que no mercado de trabalho como um todo. Em geral, as mulheres ganhavam 66% da remuneração média dos homens em cargos de direção. A melhor situação se apresentava na área de educação, majoritariamente feminina, onde o percentual ficava em 85%.[115]

A questão financeira, portanto, vale ser somada à conjuntura traçada por Sally M. Reis: "Os conflitos e as barreiras tornam-se mais evidentes à medida que as meninas de alto potencial amadurecem porque há uma intersecção das habilidades, da idade, da escolha profissional e das decisões pessoais que envolvem casamento e filhos".[116] Uma série de desestímulos consideráveis para quem está em busca de atingir seu alto potencial.

---

[113] *Id.*

[114] ALMEIDA, Cássia. Mulheres são maioria no setor de saúde, mas ganham 37% do salário dos homens em cargos de chefia. **O Globo**, caderno de Economia, 25 abr. 2021. Disponível em: https://oglobo.globo.com/economia/2270-mulheres-sao-maioria-no-setor-de-saude-mas-ganham-37-do-salario-dos-homens-em-cargos-de-chefia-24986629

[115] *Id.*

[116] PÉREZ; FREITAS, *op. cit.*

Laura, 39 anos, brasileira, professora de alemão

"Me doeu quando a profissional que fez minha identificação [aos 36 anos de idade] me falou: 'A superdotação das mulheres não é importante, porque não se espera muito das mulheres. Então não existe um esforço em identificar e dar o devido valor. Porque não se espera que as mulheres façam alguma coisa com isso, vamos colocar assim.' O papel da mulher na sociedade é mais restrito à casa e à família, então é como que não faz diferença se ela vai fazer isso com mais inteligência ou com menos inteligência. E eu venho de uma família de mulheres extremamente inteligentes, extremamente competentes, professoras universitárias, pessoas que foram chefes de laboratório de pesquisa e tal... E nenhuma foi identificada.

[...]

A questão da maternidade em todas as gerações, eu vejo que é um sacrifício gigantesco. Muitas mães se privam dos seus talentos, dos seus desejos, não por elas, mas porque a sociedade concebe a maternidade dessa forma. Pra depois estarem insatisfeitas, ficarem reclamando da família... Eu dou razão pra todas elas. Mas não quero repetir essa história. Eu não preciso de ter filho. Eu não preciso contribuir dessa forma. Eu contribuo educando os filhos das outras pessoas.

[...]

Eu acho que meu ex-marido se aproximou de mim porque ele me viu numa situação frágil em que ele poderia ser o homem que cuida, que protege, que ajuda etc. Ele me conheceu quando eu tinha acabado de chegar na Alemanha, eu não falava a língua, eu não conhecia a cidade. À medida que eu fui crescendo, ele foi diminuindo e se sentiu ameaçado. Fui aceita no mestrado, consegui terminar o mestrado, já falava bem o alemão. Daí, por questão de ego, ele não deu conta do fato de que eu passei a ter um nível acadêmico que ele não tinha alcançado. Ele já não acompanhava tanto mais meus pensamentos. E aí a nossa relação foi ficando muito tóxica com o passar dos anos.

[...]

E agora já tem muitos anos que eu estou solteira. É difícil pra mim ter algum relacionamento porque num primeiro momento as pessoas têm uma certa curiosidade e acham interessante eu falar várias línguas, eu ter vivido em tantos lugares [Brasil, Argentina, Alemanha, Uruguai e agora Chile], mas num segundo momento elas se afastam. Sinto isso principalmente da parte dos homens que têm essa característica de querer cuidar, de querer acolher, de querer ser o homem. Comigo não dá, não funciona.

[...]

Existe um jogo de poder [entre homens e mulheres] que acontece na maioria das vezes. E nesse jogo de poder a mulher tem que ser menor, ou pelo menos parecer menor, tem que estar numa posição mais submissa de certa forma, tem que ser mais frágil ou estar fragilizada. Eu dificilmente represento esses estereótipos e acho que muitas vezes os homens se sentem ameaçados.

[...]

Pode ser egoísta isso que eu vou falar, mas eu vou falar mesmo assim: eu não quero dividir o meu tempo. Eu tenho muitas coisas pra fazer, eu estudo russo, eu toco violão, eu quero ter mais tempo pra música, eu quero ter mais tempo pras minhas viagens... Eu gosto de viajar sozinha, pego minha mochila e vou. Eu faço caminhadas nas montanhas que, às vezes, duram cinco dias, 20 kg de mochila nas costas. Então eu percebi que a maternidade castraria o estilo de vida que eu quero ter e que eu gosto de ter e que me faz feliz. E iria me obrigar a ocupar um lugar que eu não quero ocupar".

CAPÍTULO 6

E COMO ANDA O TEMA DA SUPERDOTAÇÃO NO BRASIL?

Imagine um lugar onde a rede de ensino estivesse devidamente preparada para identificar os alunos com altas habilidades. Onde as crianças identificadas pudessem crescer com um acompanhamento voltado para desenvolver seus potenciais e chegassem à fase adulta com autoconceito positivo, confiantes, e cientes das suas capacidades e limitações.

Lugares como este existem no Brasil. Um deles fica a cerca de 300 km de Belo Horizonte, rumo ao sudoeste, ainda no estado de Minas Gerais, no município de Lavras, que tem em torno de 100 mil habitantes. Essa experiência "antropológica" nasceu em 1993, antes mesmo da legislação brasileira apontar os caminhos para o atendimento aos estudantes superdotados. Ao contrário de ser uma iniciativa elitista, a organização educacional Centro para Desenvolvimento do Potencial e Talento (CEDET) oferece a pessoas atípicas de todas as classes sociais a possibilidade de fortalecer suas habilidades e de gerar consideráveis impactos positivos para sua história e para a sociedade.

PARA FALAR DE PRIVILÉGIOS

Desde que preparou seu primeiro currículo para entrar no mercado de trabalho, Gisele de Fátima Andrade Vilas Boas, nascida em 1996, colocou os nove anos em que frequentou o CEDET em Lavras e se sentiu valorizada por isso nas entrevistas locais de emprego. Quando se mudou de cidade, no início de 2020, com 34 anos de idade, começou a repensar se deveria manter a menção que faz de sua identificação e do acompanhamento que recebeu.

Nascida em uma família de renda baixa, Gisele confessa que se sente privilegiada! Mas não por ser "mais capaz" ou "talentosa", terminologias preferidas da psicóloga e educadora Zenita Guenther, idealizadora do CEDET e pesquisadora renomada internacionalmente na área. Gisele se sente privilegiada por ter podido desfrutar de uma iniciativa tão sólida que gerou uma grande transformação na educação da sua cidade natal. Ela também se sente privilegiada por ter uma família que sempre a respeitou em sua individualidade e a apoiou a seguir nas atividades do Centro.

Ao terminar o ensino básico e encerrar a fase de acompanhamento no CEDET, realizado fora da escola, Gisele aproveitou uma oportunidade oferecida pelo Centro para realizar um intercâmbio. Ficou um ano na Eslováquia, onde foi voluntária em uma Organização Não-Governamental (ONG) de assistência social. Depois da experiência internacional, trabalhou dentro do CEDET.

Sua inclinação para atividades humanitárias levou Gisele a se graduar em Serviço Social. Ela trabalhou alguns anos com acolhimento institucional de crianças - no termo mais vulgar, o "abrigo para menores abandonados" – e com jovens que cumpriam medidas socioeducativas, o que antes se chamava "reformatório". Atualmente, trabalha de forma remota em uma empresa de consultoria, dando capacitação e assessoria para as secretarias de assistência social dos municípios de Minas Gerais.

Gisele sabe que cresceu em um ambiente fora do comum: foi identificada quando criança, teve orientação de profissionais que entendiam sua condição, conviveu com pessoas com o mesmo funcionamento que o dela, com quem se identificava e podia trocar experiências, onde encontrou muitos amigos para a vida toda, e contou com o suporte total da sua família, sem ser rotulada como "gênio" nem pressionada a atingir performances extraordinárias.

Agora, vivendo em outra cidade, no interior de São Paulo, com o marido e o filho, fica evidente para ela que a rede de ensino e a sociedade de Lavras têm um preparo incomum para identificar e atender os mais capazes.

Gisele também nota que pouca gente entende o que é a superdotação e que, em geral, as pessoas mais capazes recebem, de certa forma, um olhar "negativo". Existe quase uma hostilidade velada contra quem apresenta um potencial superior. Mesmo assim, ela não se preocupa em assumir sua personalidade publicamente, diferentemente de tantos superdotados que escondem seus talentos para evitar conflitos e situações desagradáveis. Acredite, isso é muito mais comum do que se imagina.

Gisele, 35 anos, assistente social brasileira

"No CEDET você começa a se conhecer melhor, você começa a ver o que é capaz de fazer e ao que pode se dedicar, naquilo que você pode contribuir. A gente não fica com aquela crise existencial. Hoje eu me sinto realizada. O que eu sou hoje, a minha vida, a minha formação, até a questão de valores e princípios que eu tenho, tudo isso também veio do CEDET [onde fez acompanhamento dos 9 aos 17 anos], além de vir da minha família. Porque ali eles sempre tiveram esse compromisso de buscar referências positivas na comunidade pra gente. Era uma casinha simples, mas, quando a gente entrava, tinha o mundo ali dentro.

[...]

Outro privilégio é ter tido o convívio com os colegas do CEDET e não me sentir um ET. Muitos são meus amigos até hoje. Às vezes acontecia de eu conversar com outros alunos de lá e pensar 'Essa pessoa aí é inteligente mesmo. Será que eu mereço mesmo estar aqui conversando com ela?' Mas depois você começa a entender que é uma questão de aptidões, de potencialidades. Nós não temos todas e nem vamos desenvolver todas, né? Cada um vai desenvolvendo para um lado. Tudo o que aconteceu teve só impacto positivo, sabe? Acho que, se eu pudesse, eu nunca teria saído de lá.

[...]

Na minha profissão, eu lido muito com as vulnerabilidades das famílias, das famílias que não cumprem a sua função protetiva, e a minha família cumpriu com excelência essa função.

[...]

Apesar de eu não ser uma especialista em identificação, consigo perceber claramente em alguns casos que se tivesse uma família ali por trás, um apoio, aquela criança poderia estar no CEDET, poderia estar desenvolvendo as suas potencialidades.

[...]

Teve um adolescente que veio me mostrar: 'Olha, dona, escrevi essa música aqui ontem'. E numa facilidade, sabe? Então eu ficava pensando: 'Poxa, se tivesse tido a oportunidade, se tivesse recebido o apoio adequado, né? Você sente que muitos ficaram perdidos aí pelo caminho.

[...]

A doutora [Zenita Guenther] sempre falou: 'A gente precisa canalizar essas dotações, essas inteligências, pro lado do bem, pra essas pessoas poderem contribuir com o futuro, porque as que não conseguem passar por esse processo acabam sendo penalizadas e terminam usando a inteligência pro mal.

[...]

> *"Eu quero ser uma referência positiva pras outras pessoas. Eu quero mostrar que tem um outro caminho a ser trilhado, que se você investir naquilo que gosta, pode usar suas potencialidades para o bem e se sentir realizado. E isso não tem nada a ver com 'ser um Einstein na vida', não estamos falando de gênios.*
>
> *[...]*
>
> *[Ter o CEDET na cidade] muda a mentalidade da sociedade. As pessoas passam a entender melhor do que se trata [a superdotação]. Vira até um adjetivo, em Lavras, em vez de se falar que alguém é inteligente, se fala 'é criança do CEDET'.*
>
> *[...]*
>
> *Minha sogra era diretora de escola municipal lá, e eu conversava muito disso com ela. Ela falava, 'Gisele, nós nos cobramos pra dar um ensino de qualidade e ofertar ali um bom ambiente pras crianças, pros adolescentes, porque a gente sente a pressão de ter o CEDET na cidade'".*

A metodologia CEDET[117] se compromete com a capacitação dos professores e gestores da rede de ensino pública e privada e oferece a eles um instrumento de apoio na identificação dos estudantes, desenvolvido por Zenita Guenther. O "Guia de Observação Direta em Sala de Aula" conta com um questionário composto de 31 itens indicadores de capacidade observáveis, como expressões de inteligência, criatividade, capacidade socioafetiva, física e perceptual. Os professores de cada turma apontam os nomes de dois alunos que mais se destacam em cada item. A partir disso, o cruzamento de dados é feito, conforme orientação do "Manual de Identificação de Alunos Dotados e Talentosos" do CEDET.

"O que nos mostra o teste de QI? A capacidade de responder algumas perguntas que os psicólogos, ou seja quem foi que fez o teste, achou que era bom. Mas não há mais nada além disso", argumentou Zenita Guenther em entrevista dada para este livro. Para ela, a melhor maneira de se conhecer uma pessoa é pela observação livre, com espaço e algum tempo. Foi com base nisso que delineou seu instrumento para identificar os alunos dotados. "Se a criança fala bem, ela vai te dar a impressão de ser muito mais inteligente do que se não for articulada. A nossa cultura é bem verbal. Nós temos de certa forma combatido isso [com a metodologia do CEDET]. Nós precisamos olhar a inteligência de outra forma. São muitos os ângulos a se olhar", amarrou.

[117] GUENTHER, Zenita C. Metodologia Cedet: caminhos para desenvolver potencial e talento. **Polyphonía**, v. 22, n. 1, jan./jun. 2011. Disponível em: https://revistas.ufg.br/index.php/sv/article/view/21211 https://doi.org/10.5216/rp.v22i1.21211

Pedro, 27 anos, engenheiro florestal brasileiro

"Eu realmente tenho um sentimento de gratidão muito forte por tudo que o CEDET de Lavras fez por mim, entre 2002 e 2010 [dos 9 aos 17]. Eu lembro que no CEDET tinha um leque grande de opções de atividades. Eu fiz aula de anatomia humana, de ciências, de história, biologia celular, matemática, violão, até mexi com eletrônica... E fiz muitas aulas de inglês... E aí eu fui lapidando meus interesses. Percebi as coisas que eu gostava, que me chamavam atenção. E percebi as coisas que não eram meu foco. A equipe do CEDET também me ajudou muito na parte de organizar bem o meu tempo, otimizar as minhas atividades.

[...]

Lá a gente tinha aulas bem fora da caixinha, eram bem complementares ao que a gente via na escola, eu acredito que eram coisas que realmente incentivavam a gente a pensar muito mais além.

[...]

No colégio, a gente era chamado nas salas quando as facilitadoras do CEDET chegavam. Aí quem era do CEDET saía. Eu não me sentia pressionado a fazer nada, eu ia por gosto. Eu fazia sempre as coisas que eu tinha certeza de que me ajudariam no futuro, desde o quarto ano, quando precisei escolher entre o futebol e o inglês.

[...]

Eu sempre me sentia muito confortável para ir atrás do que queria. Eu tinha o apoio dentro de casa em tudo, mas eu mesmo conseguia me motivar pra sempre tentar conseguir alguma coisa melhor. Eu estudava em uma escola estadual, era uma boa escola, mas eu percebia que não me desafiava, era tudo muito fácil. Eu fui e tentei a bolsa no colégio Nossa Senhora de Lourdes, e com a bolsa eu percebi que eu conseguiria competir pra entrar na faculdade. Dentro da universidade, eu senti que estava bem capacitado pra viajar, pra fazer um intercâmbio internacional - vontade despertada quando eu era parte do CEDET. Consegui uma bolsa do programa Ciência Sem Fronteiras, em 2014. Eu já estava no terceiro ano de engenharia florestal e lá cursei algumas disciplinas na Kansas State University. Dentro dos EUA vi a oportunidade de fazer um estágio numa empresa florestal forte. Eu percebia que as outras pessoas não se interessavam em fazer além do que era aquilo que era oferecido. Consegui estágio na American Force Forest Management, que fica na Carolina do Norte.

[...]

Voltei para o Brasil e, graças à experiência nos EUA, consegui estágio na Klabin. Depois do estágio eu percebi que dava pra fazer mestrado no exterior, e consegui bolsa pra Virginia Tech. Depois do mestrado eu consegui a oportunidade de seguir com um doutorado, terminando tudo em quatro anos e meio. E sempre vou assim, tentando me diferenciar e aproveitando oportunidades que existem, sem esquecer que lá no início a oportunidade me foi oferecida e que ela tem forte impacto nas oportunidades que hoje encontro. Agora nas férias de verão era para eu estar desenvolvendo uma pesquisa, foi outra bolsa que conseguimos, mas teve que ser postergada por causa da pandemia.

[...]

Até o mestrado era tudo muito suave e tranquilo pra mim. Agora, no doutorado, é a primeira vez na vida que eu fico um pouco mais preocupado, batendo cabeça para ver como vou terminar. E agora eu percebo que tenho que desenvolver algumas habilidades que me desafiam muito. Tudo isso tem me ajudado a crescer muito pessoalmente e profissionalmente.

[...]

Hoje o que me motiva é entender que as florestas realmente providenciam muitos benefícios (além da venda de madeira), e que infelizmente eles não são tão valorizados, porque a gente ainda não consegue dar um valor monetário pra esses benefícios ecossistêmicos. Meu doutorado está relacionado aos custos e benefícios ecossistêmicos de florestas, como por exemplo, a qualidade de água e sequestro de carbono, além de modelagem para criar incentivo econômico na restauração de florestas tropicais.

[...]

Eu tenho muita vontade de um dia poder ajudar muitas pessoas, isso eu carrego comigo. Tenho vontade de fazer doação pro CEDET também, quando tiver dinheiro. Essa é uma cultura que vejo forte nos EUA. Eles têm muito isso: o cara se forma e doa pra universidade".

PROGRESSO LENTO

São exatamente 28 anos de história de CEDET, completados em 2021. E embora seja um dos únicos programas nessa linha que conseguiu se sustentar por tanto tempo, ainda não tem visibilidade entre o público brasileiro em geral. Da mesma forma que o tema da superdotação.

Apesar de ser menos conhecido do que deveria, os resultados do CEDET (hoje presente em Assis - SP, Poços de Caldas - MG, São José do Rio Preto - SP e São José dos Campos - SP, além de Lavras - MG) certamente seriam motivo de orgulho para a psicóloga e educadora russa Helena Wladimirna Antipoff (1892-1974). Antipoff desembarcou no Brasil em 1929, a convite do então governo de Minas Gerais, e não deixou mais o país. Repetiu aqui sua atuação revolucionária no cuidado com os menos favorecidos, como tinha feito na Europa e na então União Soviética. Foi chamada para preparar professores com métodos educativos inspirados na psicologia e deixou sua marca na educação das crianças "excepcionais", termo criado por ela e que se tornou internacionalmente usado para denominar estudantes antes estigmatizados como "retardados", por apresentarem resultados abaixo da média. Também teve expressiva atuação na educação rural e na descoberta de talentos, sendo reconhecida como a precursora no Brasil da educação aos "bem-dotados", como gostava de se referir.[118]

Zenita Guenther foi pupila de "D. Helena" no colégio interno criado pela russa na Fazenda do Rosário, em Ibirité, hoje região metropolitana de Belo Horizonte (MG). Zenita era então uma menina de seus 11 anos de idade, em 1949, que se interessou pelo anúncio de bolsa para estudar para ser professora. Nessa época, Antipoff buscava adolescentes de 12 a 14 anos com vocação para o magistério. Suas propostas eram inovadoras e colocavam a criança como o centro do processo de aprendizado.

"Eu acho que é duro uma pessoa estar assim 50 anos à frente dos outros, como D. Helena. Só me lembro de uma única coisa que ela previu mal. Ela nos dizia: 'Vamos trabalhar firme por 20 anos, levantando cedo, ganhando pouco, aguentando diretor, supervisor e inspetor. Essa gente toda não tem nada a ver com nosso trabalho, nosso trabalho é com as crianças. Em 20 anos isso vai melhorar'. Aí eu trabalhei 20 anos. Não melhorou. Mais 20! Ok, vou trabalhar mais 20... Também não melhorou. São quase 70 anos de magistério, e eu não vejo muita melhora. Eu vejo alguma, mas eu não vi aquela melhora assim pra dizer que a educação hoje é uma força", lamentou D. Zenita, aos 84 anos, em conversa para este livro.

Foi Helena Antipoff que, em 1945, criou o primeiro atendimento educacional especializado para os bem-dotados, na Sociedade Pestalozzi, organização fundada por ela 13 anos antes para atender pessoas com necessidades especiais/deficiências.[119]

---

[118] ARAÚJO, Carla. Helena Antipoff, uma abordagem pioneira na Educação Especial no Brasil. **MultiRio**, 25 mar. 2019. Disponível em: http://www.multirio.rj.gov.br/index.php/leia/reportagens-artigos/reportagens/14827-helena-antipoff,-uma-abordagem-pioneira-na-educa%C3%A7%C3%A3o-especial-no-brasil

[119] Informação do MEC sobre o primeiro atendimento aos superdotados no documento Política Nacional de Educação Especial na Perspectiva da Educação Inclusiva (BRASIL, 2008). Disponível em: http://portal.mec.gov.br/index.php?option=com_docman&view=download&alias=16690-politica-nacional-de-educacao-especial-na-perspectiva-da-educacao-inclusiva-05122014&Itemid=30192

Mais informações sobre Helena Antipoff, no site da Fundação Helena Antipoff: Disponível em: http://fha.mg.gov.br/pagina/memorial/helena-antipoff

Por parte do governo brasileiro, a primeira medida prática sobre a identificação e o atendimento dos alunos superdotados só aconteceu mais de 20 anos depois disso, em 1967. Uma comissão foi criada pelo Ministério da Educação e Cultura (MEC) para definir critérios sobre essas questões.[120] Levou quatro anos para que as conclusões do grupo integrassem a legislação.

Em 1971, a publicação da Lei de Diretrizes e Bases da Educação Nacional - LDBEN (Lei nº 5.692/71),[121] que substituiu a LDBEN de 1961, reconheceu legalmente a existência dos estudantes superdotados. A LDBEN é a legislação que regulamenta o sistema educacional brasileiro público e privado, da educação básica ao ensino superior.

As pessoas superdotadas foram definidas como "aquelas que apresentem notável desempenho e/ou elevada potencialidade em qualquer dos seguintes aspectos, isolados ou combinados: capacidade intelectual geral; aptidão acadêmica específica; pensamento criador ou produtivo; capacidade de liderança; talento especial para artes visuais, dramáticas e musicais; capacidade psicomotora". Desde então a definição foi se adequando à evolução dos referenciais teóricos,[122] e a implementação do atendimento individualizado avança lenta e vagarosamente.

A partir de 1973, as questões voltadas a este grupo, incluído na Educação Especial, ficaram a cargo do Centro Nacional de Educação Especial (Cenesp), órgão criado naquele ano, no MEC, para promover a expansão e melhoria do atendimento aos alunos com capacidades inferiores e superiores à média. Em 1986, o Cenesp foi substituído pela Secretaria de Educação Especial (Seesp).

Somente em 1996,[123] portanto 25 anos depois da primeira LDBEN que reconheceu a existência desses estudantes superdotados, foi que a legislação passou a prever especificamente para eles o direito à ace-

[120] FLEITH, Denise de Souza (org.). **A construção de práticas educacionais para alunos com altas habilidades/superdotação**. Ministério da Educação Secretaria de Educação Especial, Brasília, 2007. Disponível em: http://portal.mec.gov.br/seesp/arquivos/pdf/altashab2.pdf

[121] Lei nº 5.692, de 11 de agosto de 1971, fixa Diretrizes e Bases para o ensino de 1° e 2º graus, e dá outras providências. Disponível em: https://www2.camara.leg.br/legin/fed/lei/1970-1979/lei-5692-11-agosto-1971-357752-publicacaooriginal-1-pl.html

[122] A Política Nacional de Educação Especial na Perspectiva da Educação Inclusiva (BRASIL, 2008) define que os "estudantes com Altas Habilidades/Superdotação são aqueles que demonstram potencial elevado em qualquer uma das seguintes áreas, isoladas ou combinadas: intelectual, acadêmica, liderança, psicomotricidade e artes. Também apresentam elevada criatividade, grande envolvimento na aprendizagem e realização de tarefas em áreas de seu interesse". Disponível em: http://portal.mec.gov.br/index.php?option=com_docman&view=download&alias=-16690-politica-nacional-de-educacao-especial-na-perspectiva-da-educacao-inclusiva-05122014&Itemid=30192

[123] Lei nº 9.394, de 20 de dezembro de 1996. Estabelece as diretrizes e bases da educação nacional. Artigo 59. Disponível em: http://www.planalto.gov.br/ccivil_03/leis/l9394.htm

leração do programa escolar, ou seja, a possibilidade de pular um ou mais anos letivos – um recurso muito utilizado internacionalmente, mas muito polêmico até hoje entre especialistas, pais e profissionais da educação no Brasil.

A lei ainda determinou que os sistemas de ensino deviam "assegurar aos estudantes currículo, métodos, recursos e organização específicos para atender às suas necessidades" e que o atendimento desses estudantes devia ser feito "preferencialmente na rede regular de ensino" e não mais em escolas especiais. Isso marcou o caminho rumo à inclusão social da neurodiversidade nas escolas, com o objetivo de evitar segregações.

Entrando no século XXI, o Plano Nacional de Educação (PNE) publicado em 2001[124] fortaleceu a ideia da educação inclusiva. O documento ressaltava: "Nota-se que o atendimento particular, nele incluído o oferecido por entidades filantrópicas, é responsável por quase metade de toda a educação especial no País. Dadas as discrepâncias regionais e a insignificante atuação federal, há necessidade de uma atuação mais incisiva da União nessa área.". Nele foram definidas as metas de capacitar os professores para atender os alunos especiais e implantar "programas de atendimento aos alunos com altas habilidades nas áreas artística, intelectual ou psicomotora".

Um passo importante foi dado, um ano depois, para viabilizar a capacitação definida no PNE. A resolução CNE/CP Nº1/2002[125] determinou que a formação em nível superior dos professores da educação básica (ensinos infantil, fundamental e médio) passasse a contemplar conhecimentos sobre as especificidades dos alunos que possuem necessidades educacionais especiais.[126]

Mas a principal medida do governo em favor dos mais capazes veio mesmo em 2005, com a criação dos Núcleos de Atividades de Altas Habilidades/Superdotação[127] em todos os estados e no Distrito Fede-

[124] Lei nº 10.172, de 9 de janeiro de 2001. Aprova o Plano Nacional de Educação e dá outras providências. Disponível em: http://www.planalto.gov.br/ccivil_03/leis/leis_2001/l10172.htm

[125] Resolução CNE/CP 1, de 18 de fevereiro de 2002. Artigo 6, parágrafo 3º. Disponível em: http://portal.mec.gov.br/cne/arquivos/pdf/rcp01_02.pdf

[126] Educação inclusiva: conheça o histórico da legislação sobre inclusão. Disponível em: https://todospelaeducacao.org.br/noticias/conheca-o-historico-da-legislacao-sobre-educacao-inclusiva

[127] CAAHS/NAAHS – CAAHS – Centro de Atividades para Altas Habilidades ou Superdotação
NAAHS – Núcleo de Atividades para Altas Habilidades ou Superdotação

ral. Mais conhecidos pela sigla NAAHS, são centros de referência para formação continuada dos professores sobre superdotação, atendimento aos alunos que tenham indicativo de altas habilidades e orientação das famílias desses estudantes.

Foram criados materiais de referência, organizados treinamentos e sugeridas propostas de ações a serem tomadas dentro e fora da sala de aula.[128] O grande destaque foi o programa de "enriquecimento curricular", ou seja, o atendimento por um professor especializado no contraturno escolar para trabalhar um plano de atividades individualizado. Os trabalhos e o desenvolvimento de cada estudante são acompanhados por meio de um "Portfólio de talentos" de forma a evidenciar suas capacidades, interesses e estilo de aprendizagem.

Quase 10 anos mais se passaram até que o PNE de 2014[129] colocou como meta a universalização, até 2024, desse atendimento educacional especializado para estudantes de 4 a 17 anos com deficiência, transtornos globais do desenvolvimento e altas habilidades ou superdotação, preferencialmente na rede regular de ensino.

O funcionamento dos NAAHS, entretanto, evolui de forma heterogênea, como é de se esperar em um país de proporções continentais, com uma população entre as maiores do mundo, no qual um único estado equivale ao tamanho de vários países europeus. Os NAAHS dependem também do empenho dos governos estaduais. Alguns deles já não oferecem capacitação nem atividades e estão deixando desatendidas muitas regiões. Outros, por sua vez, seguem atuantes e fortalecem suas atividades a cada dia, como é reconhecidamente o caso, por exemplo, dos núcleos do Acre, Amazonas, Distrito Federal, Goiás, Maranhão, Paraná, Piauí, Rio Grande do Norte e Santa Catarina.

Fato é que apesar dos avanços legais e institucionais, e das assimetrias regionais, a realidade nacional dos NAAHS, cerca de 16 anos após sua criação, está aquém dos planos traçados. Mais do que as estruturas criadas pelo governo federal, o reconhecimento e o atendimento do

128 A construção de práticas educacionais para alunos com altas habilidades/superdotação, MEC. Disponível em: http://portal.mec.gov.br/component/tags/tag/superdotacao

129 Lei nº 13.005, de 25 de junho de 2014. Aprova o Plano Nacional de Educação – PNE e dá outras providências. Anexo - Meta 4. Outras estratégias que também atendem os superdotados: 1.11; 6.8; 10.11 e 12.5. Disponível em: http://www.planalto.gov.br/ccivil_03/_ato2011-2014/2014/lei/l13005.htm

público a que se destinam ainda é feito em grande parte por iniciativas pontuais de caráter institucional e filantrópico, públicas e privadas, espalhadas pelo Brasil.

Nesse sentido, além do CEDET, destacam-se, por exemplo, o programa Bom Aluno; o Programa Decolar,[130] da Prefeitura Municipal de São José dos Campos (SP); o Projeto Head,[131] da Pontifícia Universidade Católica de Minas (PUC Minas), e o Programa de Incentivo ao Talento (PIT),[132] da Universidade Federal de Santa Maria (Rio Grande do Sul).

Muitos são mantidos por patrocínio de empresas privadas e se dedicam a encontrar, nas classes menos favorecidas, estudantes com altas habilidades, como o Instituto Social para Motivar, Apoiar e Reconhecer Talentos (Ismart),[133] o Instituto Alpha Lumen,[134] o Instituto Ponte[135] e o Instituto Rogério Steinberg.[136]

Para tentar avançar, em 2015, a promulgação da Lei nº 13.234 veio resgatar um pouco de força para o atendimento governamental aos superdotados. Previu a criação de um Cadastro Nacional para os alunos com altas habilidades da educação básica e superior. O cadastro deveria expor quantos são efetivamente os alunos identificados nas escolas brasileiras, para os quais a legislação prevê atendimento especializado. Esperava-se, com isso, verificar se as políticas públicas estavam chegando de fato até todos eles, como proposto no PNE de 2014. Mas esta iniciativa não "decolou" ainda de fato. Os levantamentos a respeito desses estudantes ainda são obtidos por meio dos Censos Escolares, como se pode ver na tabela a seguir.[137]

---

130 https://www.sjc.sp.gov.br/noticias/2021/julho/14/decolar-conta-com-participacao-de-mais-de--220-alunos/

131 https://www.facebook.com/projetohead (Instagram: @projetohead)

132 https://periodicos.ufsm.br/educacaoespecial/article/view/4181

133 https://www.ismart.org.br/

134 https://alphalumen.org.br/

135 https://www.institutoponte.org.br/

136 http://www.irs.org.br/

137 Dados publicados no documento Política Nacional de Educação Especial (PNEE): equitativa, inclusiva e com aprendizado ao longo da vida, Ministério da Educação. Secretaria de Modalidades Especializadas de Educação, Brasília, MEC, SEMESP, 2020. Disponível em: https://www.gov.br/mec/pt-br/assuntos/noticias/mec-lanca-documento-sobre-implementacao-da-pnee-1/pnee-2020.pdf

	2015	2016	2017	2018	2019
TOTAL	930.683	971.372	1.066.446	1.181.276	1.250.967
Cegueira	7.154	7.484	7.392	7.653	7.477
Baixa visão	68.279	68.542	74.818	77.586	77.328
Surdez	29.247	27.527	26.64	25.89	24.705
Deficiência auditiva	35.201	35.642	37.442	39.307	39.268
Surdocegueira	456	444	420	415	573
Deficiência física	128.295	131.433	137.694	145.083	151.413
Deficiência intelectual	645.304	671.961	732.185	801.727	845.849
Deficiência múltipla	70.471	74.811	78.539	80.276	85.851
Transtorno do espectro autista	97.716	116.332	142.182	178.848	177.988
Superdotação / Altas habilidades	14.407	15.995	19.699	22.382	54.359

Fonte: Microdados do Censo Escolar 2019, INEP/MEC[138]

Obs.: Até o ano de 2018, havia marcação de Síndrome de Asperger, Síndrome de Rett e de Transtorno Degenerativo da Infância que, em 2019, passou a compor o Espectro Autista. Nesta tabela o total de matrículas nestes anos foram agregados no Autismo

Na questão da superdotação fica evidente que ainda existe muito trabalho a ser feito. O levantamento feito pelo Censo Escolar[139] de 2019 demonstra a identificação de 54.359 estudantes com altas habilidades no

[138] O Inep passou a utilizar "transtorno do espectro autista" em substituição a "transtornos globais do desenvolvimento" a partir da Resolução nº 4, de 2 de outubro de 2009, da Câmara de Educação Básica do Conselho Nacional de Educação, que institui Diretrizes Operacionais para o Atendimento Educacional Especializado na Educação Básica, modalidade Educação Especial.

[139] Censo Escolar – O Censo Escolar é uma pesquisa estatística que tem por objetivo oferecer um diagnóstico sobre a educação básica brasileira. Coordenado pelo Inep, é realizado em regime de colaboração entre a União, os estados, o Distrito Federal e os municípios. A pesquisa é declaratória, de abrangência nacional e coleta informações de todas as escolas públicas e privadas, suas respectivas turmas, gestores, profissionais escolares e alunos de todas as etapas e modalidades de ensino: ensino regular, educação especial, EJA e educação profissional. Disponível em: http://portal.mec.gov.br/ultimas-noticias/211-218175739/84011-inep-divulga-resultados-finais-do-censo-escolar-2019

sistema de ensino nacional. Sem dúvida um aumento expressivo, em comparação aos 14.407 identificados em 2015. Mas ainda muitas léguas distante dos 3% mínimos da população de alunos, calculado pelo Relatório Marland, que segue sendo documento de referência mundial na área.[140]

O Brasil contabilizou 47,8 milhões de alunos matriculados (redes pública e privada) em 2019, de acordo com o Censo Escolar. Ao aplicar as estimativas de 3% a 5% do Relatório Marland, chegaríamos a um potencial de aproximadamente 1,4 a 2,4 milhões de alunos superdotados nas escolas brasileiras. Se considerada a projeção mais ampla de Joseph Renzulli, de até 20% dos estudantes, esse número seria de 9,5 milhões de alunos brasileiros com altas habilidades entre 4 e 17 anos de idade. Números muito distantes dos 54.359 registrados.

NEM SÓ GENÉTICA, NEM SÓ O MEIO

A identificação na fase escolar e a orientação de profissionais preparados para trabalhar as particularidades dos mais capazes não está pensada para rotular e privilegiar esse grupo. O grande intuito, em um primeiro momento, é evitar frustração, incompreensão e desconforto desses estudantes com o ensino, consigo mesmos, com seu entorno. Ser diferente não é fácil, muito menos para pessoas sensíveis como os superdotados tendem a ser, ainda mais nessas etapas da infância e da adolescência, quando são ainda mais vulneráveis. E a fase escolar pode ser um momento de sofrimento e inadequação, com impacto negativo para o resto da vida da pessoa com altas habilidades que não é identificada ou, ao menos, devidamente apoiada nas suas particularidades.

A identificação precoce dos superdotados no Brasil é ainda mais importante na rede de ensino pública, que atende cerca de 80% dos estudantes brasileiros, majoritariamente das classes média e baixa. Os estudantes da classe média alta e alta, ainda que não identificados, tendem a contar com tratamento mais individualizado nas escolas particulares. Têm mais chances de receber os estímulos, os desafios e o acompanhamento atento

[140] Relatório apresentado ao Congresso Nacional dos Estados Unidos para chamar a atenção do país para a realidade e as necessidades dos superdotados no âmbito escolar. MARLAND, S. P. Jr. **Education of the gifted and talented**: report to the congress of the United States by the U.S. commissioner of education and background papers submitted to the U.S. office of education. 2 v. Washington, DC: U.S. Government Printing Office, 1972. (Government Documents Y4.L 11/2: G36).
Um pequeno trecho desse documento está disponível online: https://www.valdosta.edu/colleges/education/human-services/document%20/marland-report.pdf. Acesso em: jul./2021.

que necessitam, dentro e fora da escola. A identificação e o atendimento adequado aos alunos superdotados na rede pública podem representar ferramenta poderosa de mobilidade social no país.

É bom ressaltar que entre os 47,8 milhões de alunos brasileiros matriculados em 2019, 38,7 milhões estavam na rede pública de ensino e 9,1 milhões, na particular, segundo os dados do Censo Escolar. Vale também recordar que a superdotação é um fenômeno bastante democrático – não escolhe cor, raça, classe social ou gênero. Isso significa, no mínimo, 1,1 milhão de alunos das escolas públicas que, estatisticamente, o Brasil deveria identificar e formar.

Outra questão fundamental é que, além da genética, o papel do ambiente é crucial para o desenvolvimento de habilidades e competências dessas crianças e adolescentes atípicos. Qual a probabilidade de uma pessoa descobrir suas habilidades para a música, se nunca for apresentada aos instrumentos musicais? O estímulo familiar é importante, mas, em muitos aspectos, menos provável no ambiente em que vivem as crianças das classes mais baixas. Por causa disso, as atividades escolares curriculares e extracurriculares tendem a fazer toda a diferença.

Mas para a identificação desses talentosos é preciso ainda vencer os obstáculos do preconceito. Quando a rede de ensino não está preparada, os mitos e estereótipos encobrem o potencial das crianças superdotadas e complicam sua vida. Espera-se que o aluno superestudioso, que se senta na primeira carteira e responde a todas as perguntas do professor, seja uma delas. Mas não é bem assim.

Algumas crianças com alto potencial podem ser mais tímidas, não conseguir se expressar, sofrer caladas, certas de que têm algo de errado com elas. Há também aquelas que se adaptam para serem aceitas pelo grupo e para agradar – caso mais comum entre as meninas (tema tratado no capítulo anterior). Ninguém quer ser o esquisito da turma. Alguns alunos podem esconder desde cedo suas habilidades, tornando-se invisíveis aos olhos menos treinados.

Outros grandes desafios para as escolas são os perfis questionadores, inquietos ou que demonstram seu tédio nas aulas. Em geral, acabam sendo rotulados como "bagunceiros", que só atrapalham, desinteressados ou reduzidos a um diagnóstico equivocado, como hiperatividade ou déficit de atenção. Quanto mais a escola e a sociedade estiverem esclarecidas sobre o fenômeno da superdotação, menores tendem a ser os problemas clássicos na infância e na adolescência dos superdotados, como bullying, isolamento social, depressão, atritos com a equipe da escola e até evasão escolar.[141]

A falta de preparo de profissionais da educação e da saúde mental para separar o que é doença, rebeldia ou, mesmo, "falta de educação", do que é comportamento atípico característico das altas habilidades piora a situação dessas crianças e adolescentes. E assim vai se gerando um grande desperdício de talentos e maior sofrimento para essas pessoas que, por saírem do padrão, podem vir a ser tratadas como problema.[142]

O acompanhamento e acolhimento que os mais capazes recebem dos adultos de referência na sua vida, dentro e fora da escola, impactam diretamente no seu autoconceito e na forma como desenvolverão e usarão esses potenciais – para bem ou para mal. Um ambiente adequado permite que qualquer indivíduo se desenvolva na sua potencialidade, e isso não significa estabelecer qualquer relação de superioridade dos talentosos para com os demais.

Mãe socioafetiva de Laura (brasileira identificada aos 36 anos)

"Quando eu me casei com o pai da Laura, eu também já tinha uma filha. Elas tinham a mesma idade, 5 anos. E depois nós tivemos mais dois filhos. Eu conheci a Laura em 1987. A autoestima dela era muito baixa, sabe? Eu acho que muita gente criticava ela. Então, ela achava que o que ela fazia estava sempre errado, e que ela não ia conseguir fazer isso ou aquilo e tal.

[...]

---

[141] Conferência "Capacidade e Talento Humano: Expressão, origem, conceituação e desenvolvimento", com Zenita Cunha Guenther (ConBraSD). Dentro do V Encontro Nacional do Conselho Brasileiro de Superdotação e Altas Habilidades (IV). 26/07/2012. Faculdade de Educação. Universidade Federal Fluminense. Disponível em: https://aspatlavras.blogspot.com/2021/05/capacidade-e-talento-humano--expressao.html?utm_source=feedburner&utm_medium=feed&utm_campaign=Feed%3A+Cedet-aspat+%28CEDET-ASPAT%29

[142] *Ibid.*

A Laura sempre foi uma criança diferente. A vida toda ela foi diferente. Ela sempre foi exageradamente criativa, exageradamente original, e sempre muito segura. Ela sempre foi meio palhacinha, fazia muita paródia, criava teatro, criava motivação, criava ambientes e situações diferentes. A Laura estava sempre fazendo alguma coisa de uma forma muito particular, sempre foi muito à frente das outras meninas nas questões que envolviam a criatividade. Então ela sempre surpreendia a gente. Mas o diferente dela era dentro de uma normalidade. Não era nada que alguém olhasse e falasse assim: 'nossa, a Laura é tão diferente', não. Ela só chamava a atenção, entendeu? Uns amigos, que eram mais ligados à nossa família, falavam: 'eu fico impressionado com a Laura, o tanto que ela é inteligente, o tanto que ela sabe as coisas'.

[...]

Minha mãe era professora, e ela sempre dizia que adorava crianças diferentes, porque as crianças diferentes tinham uma inquietação que era do questionamento da vida. Isso me orientou o pensamento quando a Laura chegou a mim. Ela era uma menina que trazia uma carga de inteligência e de convivência muito diferente da minha família. Minha família é um inteligente normal. Eu era previsível: minha casa tinha hora pra acordar, hora pra almoçar, hora pra trabalhar, hora pra estudar, hora pra divertir. Eu levava, e ainda levo, aquela vida mais enquadrada! Ela vinha de uma família de gente muito inteligente, acima do padrão. Uns conseguem conviver com essa inteligência de uma forma harmoniosa, de acordo com a cultura estabelecida, mas outros não. A mãe dela - que hoje achamos que também é superdotada - foi sempre uma pessoa fora do padrão considerado normal. A mãe dela era da liberdade, do fazer o que quisesse. E ela é assim até hoje. Na casa da mãe, a Laura fazia o que queria (mais ou menos) porque não tinha uma pessoa pra balizar. Mas ela também precisava ser madura e se virar pra sobreviver. Resumindo, ela vinha desse núcleo familiar que era muito diferente do meu, com um padrão diferente, com uma mãe de sangue intempestiva e que olhava pouco por ela. Dois mundos distintos e antagônicos. Aí, acontece aquela menina com toda energia pra fazer o que desejasse e eu colocando limites, querendo organizar a casa e a vida dela; e ao mesmo tempo tentando respeitar a sua individualidade. Foi um caos...

[...]

Teve um momento da vida da Laura que ela percebeu que aquelas regras da nossa família significavam limite e organização. E isso significava também que ali tinha alguém olhando por ela. Nesse momento, eu acho que ela identificou o amor e a segurança no nosso núcleo familiar: um lugar do alento, do descanso, do afeto, da atenção, do cuidado, do limite. E também, na nossa casa tinha outras crianças, tinha brincadeira, nós viajávamos muito, então não tinha tudo aquilo que obrigava ela a ser muito madura como acontecia lá na casa da mãe dela. Na nossa casa ela podia ser criança e relaxar.

[...]

A minha filha, que é da idade da Laura, é muito inteligente também, mas não é uma pessoa superdotada. Na convivência diária havia uma competição entre elas. De uma certa forma eu queria achar um meio termo entre as duas. Quando eu era criança, minhas irmãs eram muito implicantes comigo, me criticavam demais em tudo o que eu fazia. Eu sempre detestei isso. Por isso, eu nunca deixei uma criticar a outra. Bem! A Laura era diferente, mas ela sempre teve o caminho livre pra fazer as coisas dela. Por exemplo, ela usava muita meia arrastão rasgada e pintava o cabelo de azul, entre outras escolhas. Eu não deixava a irmã falar nada sobre as escolhas dela. A vida dela era dela, e eu não impedia que ela fizesse as coisas dela, na medida do razoável. Então estabelecemos esse limite do respeito e isso promoveu uma segurança na escolha do caminho, no caminhar de cada uma.

[...]

Tem uma passagem que é importante sobre esse ponto. Hoje a minha filha é engenheira. Então a vida inteira ela foi boa de matemática. A criança que é boa de matemática é considerada inteligente. A inteligência de quem não é bom de matemática é duvidosa. Ela foi bailarina a vida inteira. Pra buscar o equilíbrio entre as duas, eu matriculei a Laura no balé também. Nessa época elas tinham 8 anos, mais ou menos. A Laura dançando balé é um fiasco [risos]. Nesse contexto, a Laura sempre ouvia: 'Nossa, ela é muito inteligente. Nossa, mas ela é uma bailarina muito linda'. Então, pra diminuir as diferenças entre as irmãs, eu tirei a Laura do balé e matriculei as duas numa aula de artes. Era uma escola de artes de vanguarda e todas as coisas que a Laura fazia eram muito criativas e originais. O professor ficou encantado com ela. Aí, o que aconteceu? A Laura brilhou. Ali, naquele lugar, eu acho que, de uma certa forma, a nossa escolha interveio positivamente pra o entendimento dela sobre ela própria. Na hora que eu coloquei as duas nesse mundo, a Laura viu que ela tinha um campo pra evoluir a criatividade e onde as pessoas reconheciam e valorizavam o seu potencial. Já a irmã era só mais uma aluna. Eu mantive uma no balé e a outra nas artes. Foi interessante, porque quando eu fiz esse movimento, eu coloquei as duas em pé de igualdade. Só que cada uma no seu lugar. E cada uma aprendeu a valorizar e respeitar a outra.

[...]

Caso eu soubesse da superdotação antes, eu acho que eu teria prestado atenção nessa característica e talvez eu tivesse estudado um pouco mais pra entender e orientar a Laura de maneira que essa característica dela colaborasse de alguma forma pra o amadurecimento dela. Porque uma coisa é você supervalorizar o fato da pessoa ser superdotada e endeusar a pessoa - isso a gente nunca faria, jamais. Outra coisa é você compreender que ela tem uma característica diferente do padrão e cuidar daquilo com atenção.

[...]

Depois que ela foi identificada como superdotada, ela tem mais segurança pra falar as coisas, sem ter nenhum receio, porque ela sabe de onde vem a sua forma de construir as ideias. Então é como se ela tivesse acendido uma luz interna. Eu acho que ela amadureceu com essa notícia. Qualquer um pode falar o que quiser dela. Ela sabe de onde vem essa forma que ela vê a vida, a força da sua alma, e a maneira que ela tem de conversar ou de se colocar".

Se apoiados e fortalecidos dentro das suas peculiaridades, esses estudantes têm mais chances de se tornar cidadãos psicossocialmente saudáveis, além de poderem vir a atuar como transformadores sociais, contribuindo para o crescimento do país e para um futuro melhor.

Lucía, 26 anos, química uruguaia

Por não saber da minha superdotação [descoberta em 2021, aos 26 anos de idade], eu fui muito discriminada na escola, porque eu não só estava em um nível intelectual acima dos meus companheiros, como também em nível emocional. Eu me sentia cinco ou seis anos mais velha que os colegas de sala. Não tinha como ter amigos, porque eles não me entendiam. Foi como se minha infância tivesse passado mais rápido. Isso gerou um certo descompasso. Eu estava interessada em ter um namorado ou coisa assim antes que os meninos e as meninas costumam estar. Por causa disso, fui muito discriminada, me trataram muito mal, criaram uma fama muito ruim pra mim porque eu queria me relacionar ou me relacionava com pessoas mais velhas.

[...]

Acabavam me fazendo de professora e, às vezes, abusavam disso. A escola me ofereceu a oportunidade de aceleração. Minha mãe recusou, porque eu ia 'sofrer na mão dos maiores'. Mas era o que eu mais queria, e não me permitiram. E a escola tampouco me deu material extra. Até me deram mais atividades, eram 10 exercícios sobre a mesma coisa. E o que eu precisava era de atividades com conteúdo mais profundo.

[...]

Também tem outra coisa: eu fui a uma escola católica de uma cidade pequena do interior do Uruguai, chamada Salto. Havia muitas pessoas com a cabeça muito fechada no meu colégio. E eu fazia perguntas a respeito da religião que incomodavam muito. Era como questionar as crenças dos meus companheiros de classe. Por isso também era muito discriminada, me tiravam da sala. E eu li toda a Bíblia, li a Bíblia porque era o único livro que tinha na minha casa.

[...]

Eu acho que faz muito mal pra gente ser mandada pra um psiquiatra simplesmente porque não somos como as outras crianças da sala.

[...]

Aos 6 anos eu comecei a fugir da escola. Cada vez que a professora faltava, colocavam o filme Dom Quixote pra gente. Depois da segunda vez, eu já sabia a história de memória. Então, quando via que meus companheiros estavam indo na direção daquela sala, eu escapava. Burlava toda a segurança da escola e ia a pé até a minha casa, sozinha. Ou sentava na praça e ficava olhando as árvores. E depois aparecia uma quantidade enorme de faltas e minha mãe perguntava: 'Mas onde você estava, se eu te mandei pra escola?'

[...]

Eu roubava as receitas médicas do meu pai e falsificava a letra e a assinatura dele. Fazia certificado de que estava doente pra não ter que fazer educação física, se estava muito calor, por exemplo. Um dia, meu pai fez um gesso de brincadeira pro meu braço e eu coloquei um monte de algodão dentro pra poder tirar e colocar o gesso. Passei umas 3 semanas enganando a professora com isso. E ninguém nunca descobriu nada. Quando comecei a contar essas coisas pros meus pais, eles não sabiam se riam ou se choravam, só se perguntavam: 'Mas o que aconteceu que a gente não se deu conta disso?'

[...]

Minha mãe tentou tirar a própria vida quando eu tinha entre 6 e 7 anos, então eu assumi a responsabilidade da minha irmã, que tinha 3 ou 4 anos. Meu processo mental foi: 'Isto pode voltar a acontecer e podemos acabar sozinhas, então eu tenho que aprender a fazer tudo, porque não posso depender dos meus pais'. Então, aos 7 ia buscar minha irmã na escolinha. Aos 8 anos eu já cozinhava. E aos 9 queria cuidar das contas da casa, dizia pro meu pai que ele era muito desorganizado com dinheiro.

[...]

Lembro que quando eu tinha 9 anos, chamaram minha mãe na escola pra dizer que não desse tanta informação pra mim quando estivesse fazendo os trabalhos da escola. Minha mãe respondeu: 'Mas eu não ajudo a Lucía com as tarefas. Ela faz tudo sozinha. Mas o que aconteceu? Ela disse alguma coisa feia?' A professora disse: 'Não, não disse. Mas ela complica a minha aula.' E continuou quando minha mãe pediu pra explicar melhor o problema: 'Ela diz coisas que nem eu entendo. Então as outras crianças vêm me perguntar e eu não sei como explicar pra elas.'

[...]

Minha raiva com meus pais é que eles sabiam que eu tinha muita capacidade, mas só enfocaram na minha capacidade lógico-matemática e não me davam estímulos de outras coisas. E eles tinham os meios pra isso. Eu fazia contas com menos de 2 anos de idade. Andava com um ábaco para todos os lados. Era chamativo demais e pronto: 'bom, a Lucía é pra isto'. Só que não... isso também faz muito mal, porque a pessoa acaba acreditando que só serve pra uma coisa. Eu nunca tinha provado nada relacionado à música, por exemplo. Mas sob essa premissa de que a 'melhor' inteligência é a lógico-matemática e a linguística... Sinto uma raiva de que eu necessitava mais estímulos e apoio e não tive nem de parte do sistema educativo nem de parte da minha família.

[...]

Quando veio a pandemia e eu fiquei sem trabalho, me permiti dar um descanso da parte lógico-matemática. E um dia comecei a pintar, nunca tinha pintado antes. Terminei vendendo meus quadros, agora tenho uma galeria. E eu me pergunto: 'Como que eu passei 25 anos sem pegar um pincel?' Então a parte criativa saiu à luz e eu comecei a me dar conta de que tinha isso desde criança, mas não era considerado tão importante ou não me davam a entender que era um dom ou algo de destaque. E, na verdade, eu poderia ter feito disso um estilo de vida também".

UM OLHAR PARA FORA

Conhecido internacionalmente pela mentalidade de "caçar talentos" e investir neles para que sejam líderes, influenciadores e tragam retorno para a sociedade, os Estados Unidos adotam variadas formas de estímulo e de adaptação curricular para atender às necessidades especiais dos seus alunos mais promissores.

A oferta depende de cada Estado, administrado de forma autônoma (do ponto de vista legislativo e financeiro), embora recursos federais sejam destinados anualmente para a educação dos alunos com altas habilidades. O atendimento a esse público nos Estados Unidos é financiado pelo governo, mas desenvolvido parcialmente pela iniciativa privada.

A identificação é feita de forma sistemática. A maioria das escolas faz uma testagem intelectual para validar a capacidade da criança em cada área e adequar seus estudos. Aceleração de séries, agrupamentos de estudantes, aceleração ou compactação de currículo, diferenciação do ensino com aulas avançadas e enriquecimento curricular são as principais adequações oferecidas.[143]

Diferentemente da aceleração brasileira que adianta o aluno um ou mais anos na escola, nos Estados Unidos, o aluno cursa somente as matérias em que se destaca em turmas de anos mais avançados. Na matéria de matemática, por exemplo, em vez de ficar no quinto ano, com a turma dele, o aluno vai assistir a aula no sétimo ano. Ele faz cada disciplina na série compatível com a sua habilidade. O que, em alguns casos, pode envolver até matérias em universidades. Isso ameniza a principal preocupação dos pais e especialistas que são contra a aceleração no Brasil, uma vez que dificilmente a criança será boa em todas as matérias.

"Lá ninguém acha que o estudante vai ser comido vivo pelos colegas de mais idade. Aqui, quando você sugere acelerar um ano, as mães ficam apavoradas. 'Ai, meu Deus, vai perder os amiguinhos, vai conviver com gente mais velha.' E não diga isso para o superdotado que ele acredita, porque ele acredita nas pessoas. As escolas também fazem certo terrorismo, porque

143 MATOS, Brenda Cavalcante; MACIEL, Carina Elisabeth. Políticas educacionais do Brasil e Estados Unidos para o atendimento de alunos com altas habilidades/superdotação (AH/SD). Ensaio. **Revista Brasileira de Educação Especial**, v. 22, n. 2, abr./jun. 2016. Disponível em: https://www.scielo.br/j/rbee/a/fQNXk3Fh89jWWL9CrdZXz4F/?lang=pt

não sabem como lidar. Calma, é um ano, gente!", comenta Maria Lúcia Sabatella, uma das maiores pesquisadoras no tema no Brasil e fundadora do Instituto para Otimização da Aprendizagem (INODAP).

A compactação curricular, por sua vez, é uma adaptação feita nas áreas de maior potencial da criança. Os conteúdos que ela já domina são comprimidos e aprofundados, segundo o ritmo de cada estudante. O que ainda não acontece no Brasil.

Os serviços de aceleração de séries, agrupamentos de estudantes e aceleração e compactação de currículo, são oferecidos pelas escolas comuns que atendem esses alunos, sem custo adicional. Enquanto os serviços de diferenciação do ensino com aulas avançadas e o enriquecimento curricular, são oferecidos por instituições privadas com custo adicional às famílias.[144]

Além dessas iniciativas, escolas inteiras são destinadas a eles (*honor colleges* e *magnet schools*) – o que a política brasileira desestimula por entender como segregação. Dentro das escolas regulares há programas especiais (*honors programs*), são oferecidas bolsas de estudos e ainda há a oferta de cursos de verão, geralmente no campus de universidades.

As desigualdades, entretanto, seguem marcantes entre os beneficiados pelas iniciativas. As crianças nos programas de educação de superdotados da América não se parecem com a população escolar em geral. Eles são desproporcionalmente brancos e ricos, enquanto estudantes negros, latinos, indígenas e de baixa renda costumam ficar de fora, segundo *The Hechinger Report*, que examina a desigualdade racial em classes para superdotados e o que as escolas estão fazendo para corrigi-la.[145]

Os métodos tradicionais de identificação dos superdotados ainda levantam muitos questionamentos – o SAT (*Scholastic Aptitude Test*)[146] e outros testes psicométricos de QI continuam sendo os mais aplica-

[144] ANDRÉS, Aparecida. **Educação de alunos superdotados/altas habilidades**: legislação e normas nacionais: legislação internacional, América do Norte (EUA e Canadá), América Latina (Argentina, Chile e Peru), União Europeia (Alemanha, Espanha, Finlândia, França), Câmara dos Deputados, Consultoria Legislativa, 2010. Disponível em: https://bd.camara.leg.br/bd/handle/bdcamara/3202

[145] The Hechinger Report cobre desigualdade e inovação na educação com jornalismo aprofundado que usa pesquisas, dados e histórias de salas de aula e campi para mostrar ao público como a educação pode ser melhorada e por que isso é importante. Duas reportagens embasam em especial os dados trazidos neste capítulo. Disponível em: https://hechingerreport.org/up-to-3-6-million-students-should-be-labeled-gifted-but-arent/ https://hechingerreport.org/ending-racial-inequality-in-gifted-education/

[146] SAT – Scholastic Aptitude Test (algo como "Teste de Aptidão Escolar"), abreviação pela qual é conhecido o teste de QI utilizado nos Estados Unidos desde a primeira metade do século XX.

dos. Outros instrumentos desenvolvidos com concepções mais atuais de superdotação vão ganhando espaço aos poucos, mas ainda não são amplamente utilizados.

"Os programas para superdotados que confiam nos procedimentos tradicionais de identificação podem estar atendendo os alunos certos, mas, sem dúvida, estão excluindo um grande número de alunos bem acima da média que, se receberem oportunidades, recursos e incentivo, também são capazes de produzir bons produtos", Renzulli fez um alerta sobre isso em 2004.[147]

Se mesmo em um país que investe e se empenha na busca de talentos, tantas crianças ainda estão passando pela escola sem serem identificadas, as proporções disso são muito maiores no Brasil, como demonstram os números do Censo Escolar. Em termos práticos, isso quer dizer que milhares de pessoas ainda chegam à fase adulta sem serem vistas pelo que são, nem reconhecerem sua própria identidade e se entenderem. Esse pode ser o seu caso ou de muitas pessoas que você conhece. E as consequências disso foram tratadas em capítulos anteriores.

Fato é que não se deve pensar que no exterior já não existem problemas, como os que os estudantes brasileiros enfrentam. As questões com os alunos não identificados se repetem pelo mundo afora.

Mateo, suíço, 17 anos - Relato da mãe Weruska

"Acho que ficamos certo tempo numa zona cinza porque o Mateo não tinha uma dessincronia com os outros, uma coisa marcante. Ficamos dentro daquela perspectiva de que toda criança é hiperativa, é estimulada e vai questionar. E a coisa foi se construindo pouco a pouco. Mas é impressionante como dão um rótulo de cara pra todas as crianças que saem do molde, daquilo que é esperado pelo 'protocolo escolar', digamos assim. Ela já é tachada de algo: é turbulenta, é hiperativa, ela tem um problema.

[...]

147 "O que é esta coisa chamada superdotação, e como a desenvolvemos? Uma retrospectiva de vinte e cinco anos", artigo de Joseph Renzulli, 2004. Disponível em: https://www.marilia.unesp.br/Home/Extensao/papah/o-que-e-esta-coisa-chamada-superdotacao.pdf
Artigo original: What is this thing called giftedness, and how do we develop it? A twenty-five year perspective. **Journal for the Education of the Gifted**, v. 23, n. 1, p. 3-54, 1999. Enviado pelo autor, traduzido, com sua permissão, por Susana Graciela Pérez Barrera Pérez, aluna do Mestrado em Educação da PUCRS e revisado pelo Prof. Dr. Claus Dieter Stobäus – Faculdade de Educação da PUCRS.

Aqui na Suíça todo o percurso escolar é feito em dois turnos, das 8h30 às 16h. Acho que chegava um momento em que a professora realmente se desesperava com aquelas crianças. [risos] Mas também não vou culpar a professora... porque antes existia uma admiração pelo professor; hoje existe muita insolência. Hoje quando a criança conta alguma coisa, os pais reagem 'Mas aquela idiota disse isso pra você?', tira o respeito da professora e ela precisa dessa autoridade em sala. Eu e meu marido nunca fizemos isso. Quando o Mateo chegava reclamando por ser incompreendido, repreendido, nunca diminuímos o papel da professora. Minha postura era: 'Ok, te escutei! Quero escutar ela também, e vamos encontrar uma zona de compreensão aí'. Sempre guardamos a dignidade de cada um no seu papel.

[...]

Os problemas começaram logo na primária, com 4 - 5 anos. Nunca foi reclamação de insolência, agressividade, falta de educação. Eram coisas do tipo: 'Ele é turbulento', 'Ele transborda de energia e na classe está difícil'. Ele se liberava rapidamente dos exercícios, ficava com o tempo ocioso e começava a dar as respostas dos exercícios pros amigos ficarem livres também e poderem brincar.

[...]

A gente foi jogando o jogo da escola, aceitando o que eles propunham. Já tínhamos colocado em atividades físicas, uma, duas, três vezes por semana, e em atividade artística também. Daí passamos a levar à psicóloga que a escola proporcionava. Tentamos duas psicólogas, mas depois de seis meses de sessões, elas diziam que ele era uma criança perfeita, com excelente padrão de cognitividade, e não me diziam um problema. E quando eu pedia para elas colocarem esse diagnóstico no papel, a resposta era: "A gente não pode ou não posso confirmar isso". Foi aí que eu me incomodei profundamente.

[...]

Cada quinzena que vinha o boletim tinha um comentário: 'Performance do Mateo é excelente, maravilhosa, ele fez isso e aquilo, mas...' Sempre tinha o 'mas'. Era realmente cansativo. Meu coração doía quando via aquilo. E ele sempre foi um menino de muita sensibilidade, intuitivo (nada a ver com esotérico, não). Não precisava falar nada, com a sua gestual, ele já sabia decodificar o que você estava pensando. Ele sabia que tinha em mim uma pontinha de 'Poxa'. Ele dizia: 'Você não está completamente orgulhosa de mim'. Mas não era isso, era uma preocupação e era por saber que ele não se via reconhecido pela professora.

[...]

Fui então falar com a pediatra do Mateo. Primeiro ela sugeriu entrar com uma medicação. Eu não aceitei, enquanto não tivesse um diagnóstico. Daí ela me falou de um comportamentalista, aqui de Genebra. Seria uma consulta privada. Falei, 'bom, agora eu estou pagando, eu vou conseguir meu laudo por escrito'.

[...]

Na segunda sessão (era uma consulta caríssima), eu perguntei pra ele: "O que o sr. acha?' Ele disse: 'Seu filho é perfeitamente normal, não tem nenhuma hiperatividade, não tem espectro autista, mas eu preciso de mais duas sessões para dar o meu diagnóstico'. E eu: 'Mas o sr. vai me dar seu diagnóstico por escrito?' Ele garantiu que sim, então eu fiquei tranquila. [risos]

[...]

No diagnóstico geral, o comportamentalista – que também é superdotado – me disse: 'A idade física do Mateo não é a mesma idade intelectual que ele tem'. E recomendou que eu mudasse a forma de me comunicar com ele. Foi um ponto superpositivo, porque eu media palavras e, daí em diante, eu abri mais meu diálogo. Certos papos que eu teria com um adulto, eu tinha com o Mateo. E isso foi trazendo um alívio em muitas coisas. Às vezes eu achava que ele não me entendia, mas, na verdade, ele já estava longe, com o pensamento lá na frente.

[...]

Ele deu duas opções, mas eu encontrei outra. Uma era pular de classe, mas eu não queria queimar etapas na evolução emocional e social dele. Outra era uma escola especializada, com professoras capacitadas pra tratar esse público, mas eram escolas que fugiam da nossa esfera financeira. Daí me surgiu uma ideia boa. O Mateo ia mudar de professora e ela tinha uma boa reputação na escola de ser muito aberta. Eu propus a ele, que a gente pagasse uma capacitação pra nova professora com ele, porque ele faz esse tipo de trabalho nas escolas. Ele achou perfeito e fechamos um pacote de 'sessões'. Eu falei com a professora e ela foi super-receptiva. E funcionou superbem. Essa professora com a boa vontade dela e com o interesse dela de aprender a lidar com pessoas assim fez com que o Mateo passasse a 5a e a 6a séries dele bem satisfeito. Ele viu que não tinha mais aquela rotulação, e dali começou um caminho bem tranquilo. Foram dois anos de um trabalho fantástico, onde ele se sentiu realmente integrado, fazendo parte, sem ter o olhar de reprovação da professora. Foi como se ele tivesse reconquistado sua dignidade. Ele viveu superbem a 7ª e 8ª séries também, porque a outra professora desses dois últimos anos da primária recebeu as 'chaves', o bom mecanismo, da antiga professora formada pelo médico.

[...]

O médico também me alertou que apesar de o Mateo ter uma intelectualidade maior, ele precisava ficar livre para fazer uma meninice que correspondesse a de uma criança da idade dele, 10 anos. Isso eu respeitei bem.

[...]

Tinha hora que ficavam uns desníveis mesmo: às vezes ele tinha um comportamento de meninão e logo ele entrava em assuntos 'supercabeça'. Me lembro que quando o Matteo viu o noticiário na televisão sobre a guerra na Síria, em 2011, ele ficou profundamente chocado. Com uma incompreensão enorme e um desejo de atuação. Gerou nele perguntas existenciais, quase filosóficas. Ele dizia: 'Onde está Deus agora? Como posso aceitar meu prato de comida sabendo que essas pessoas estão famintas?' Eu achava muito pesado pra uma criança de 7 - 8 anos de idade se envolver tanto assim. Então passei a ter o cuidado de não trazer notícias catastróficas do mundo pra ele e procurei ajuda de um padre, naquela ocasião. A conversa teológica profunda teve um terreno fértil, onde ele entendeu algumas coisas e isso ajudou também. O fato da espiritualidade pra ele foi um cano de escape, sem dúvida. Acho que esse exercício de tirar de si e deixar na mão de alguém que eu entendo ser o Todo Poderoso foi um exercício que trouxe alívio pra ele.

[...]

Depois que isso [a superdotação] foi diagnosticado, eu acho que todo mundo se sentiu calmo. Esse médico trouxe soluções relativamente simples. Foi muito mais fácil ser mãe depois dele! Ele foi realmente preciso e eu saí sem meu papel. [risos]

[...]

O comportamentalista disse algo que é até engraçado, pensando agora que estou dando este depoimento para o livro: 'Se você estivesse no seu país, seu filho estaria muito mais acomodado na escola, porque o traço cultural do brasileiro é nessa espontaneidade, muito mais acolhedor do que aqui que existe uma fôrma onde ele tem que entrar, porque se não entrar, não está no padrão'. Mas, pelo que conversamos, eu fico pensando que talvez no Brasil não seja tão acolhedor assim, né?"

CAPÍTULO 7

QUAIS SÃO OS DESAFIOS DAS PESSOAS COM ALTAS HABILIDADES NO MERCADO DE TRABALHO?

Se o ambiente escolar costuma ser um grande desafio de ajuste para boa parte dos superdotados, o mercado de trabalho não é diferente. Mesmo envolvendo fases tão diferentes da vida, as discrepâncias de funcionamento entre neurotípicos e atípicos continuarão a ser marcantes e geralmente conflitantes.

Embora sejam as organizações aquelas que mais poderiam se beneficiar da contribuição aportada pelos superdotados – dado seu alto potencial de produção e inovação, grandes ativos no mundo profissional – não costuma haver preparo institucional para lidar com pessoas com altas habilidades. Ainda menos para fazer a identificação delas, como se tem buscado nas escolas.

Poderia levar anos para que o tema entre na agenda das empresas, que, até o momento, mostram pouco interesse em aprender do que realmente se trata a superdotação e quão complexa é a condição. Se, depois dessa tomada de consciência corporativa, o mercado de trabalho terá iniciativas para se adequar aos superdotados, ninguém sabe.

A melhor saída, por enquanto, é que o profissional mais capaz se autorresponsabilize, integralmente, pela sua qualidade de vida, sem esperar iniciativas das políticas empresariais, da chefia ou dos colegas. Depende de o superdotado desenvolver uma postura que permita a ele entregar seu melhor, sem perder sua qualidade e sua sanidade.

Mais uma vez destaca-se a importância da identificação, mesmo que tardia. Quantas pessoas de alto potencial não conseguem encontrar satisfação nem valorização em suas carreiras porque enfrentam problemas que não sabem estarem atrelados à sua forma de funcionar, relacionar, sentir e agir! O autoconhecimento aqui é uma ferramenta potente para a realização profissional do superdotado e, no mercado de trabalho, um diferencial competitivo.

A *coach*, cofundadora, sócia-diretora e professora da Escola de Coaches do EcoSocial, Maria Angélica Carneiro, testemunha há mais de 25 anos a falta de conhecimento no mercado de trabalho sobre o fenômeno da superdotação e as ferramentas para identificação dessas pessoas. Reconhece que nunca viu qualquer iniciativa voltada para esse grupo no âmbito corporativo e que muitos profissionais que apoiou ao longo da sua carreira poderiam ter altas habilidades. Quase nenhum deles, entretanto, jamais expressou ter conhecimento dessa possibilidade e alguns ainda precisam lidar com diagnósticos de TDA, mente inquieta ou transtorno bipolar, por exemplo.

Com formação em psicologia, Maria Angélica Carneiro enxerga que o sentimento de inadequação das pessoas de alto potencial e as inseguranças decorrentes disso parecem funcionar como uma "camisa de força" para essas mentes ágeis e inovadoras. Mas ela acredita que as perspectivas para esses profissionais vão melhorar. Identifica hoje uma mudança na abordagem corporativa, que tende a buscar beneficiar cada perfil de profissional na sua individualidade. "Já faz um tempo que as empresas não me chamam mais pra 'consertar' as pessoas, me chamam pra apoiá-las no seu desenvolvimento. Nós trabalhamos padrões de comportamento e aquilo que a pessoa quer mudar ou desenvolver nela para chegar a um lugar desejado. É o autoconhecimento que vai gerar a maneira como cada um vai lidar com esses padrões", disse em entrevista para este livro.

PSEUDOIDENTIFICAÇÃO

Não se pode negar que existe a prática no mundo dos negócios de seleção e treinamento de "jovens talentos" e apoio a profissionais que se destacam nas empresas. Mas embora usem palavras como "talentos", "habilidades" e "potencial", não se referem particularmente à superdotação.

Além disso, grande parte das organizações que buscam profissionais talentosos e inovadores no mercado não está realmente preparada para deixar esses funcionários brilharem. Existe, no mundo corporativo tradicional, a expectativa de que os empregados se enquadrem às normas, dinâmicas e práticas da organização. Essa lógica geralmente cria barreiras para a expressão plena do potencial dos atípicos, ao contrário do resultado esperado pelos empregadores.

Para manter a "coesão dos grupos", explicada no capítulo 3 pelo psicanalista especializado em superdotação Carlos Tinoco, o que mais se espera dos empregados é que vistam a camisa da empresa, sejam dedicados e produtivos. Ainda há pouco espaço nos negócios tradicionais para grandes questionamentos e troca livre de ideias.

"Há pessoas que, na prática, não toleram quem apresente desempenho superior ao delas, ou quem lhes diga que possam estar erradas. [...] Além disso, as relações no ambiente de trabalho podem evoluir para contextos nocivos como de inveja e, mesmo, sabotagem por parte de colegas e chefia. O discurso do gestor ou mesmo de qualquer colega que afirma 'quero reunir os melhores talentos comigo' funciona – mas só até cair por terra quando as habilidades da pessoa AH/SD se sobressaem e o gestor ou colega passa a ter receio de ser "ofuscado" por essa pessoa na equipe. A pessoa AH/SD, por sua vez, com medo de perseguições, se retrai – e acaba não expressando todo o seu potencial. Assim, tende a ter receio de exposição (isto inclusive ficou bem evidente em algumas falas dos meus entrevistados)", relata Christine da Silva Schröeder em seu livro "A diversidade invisível: as pessoas AH/SD e a vida profissional", lançado em 2020.[148]

A doutora em Administração, professora e pesquisadora na área de gestão de pessoas e relações de trabalho na Universidade Federal do Rio Grande do Sul, relata que não encontrou iniciativas empresariais no Brasil voltadas aos superdotados.

Formatos mais contemporâneos, como as *startups*[149] e alguns modelos empresariais inovadores na área de tecnologia da informação, parecem trazer um ar fresco. Nesse ambiente, a argentina Natalia[150] sentiu que passou a ser valorizada não só pelos seus conhecimentos, mas também por quem ela realmente é – antes mesmo de descobrir sua superdotação. Natalia já sabia da sua tendência ao "sincericídio" e à impulsividade, mas não entendia de onde vinha sua capacidade de enxergar coisas que os outros não viam. Depois da identificação, descobriu que sua percepção aguçada estava ligada ao seu funcionamento intenso, tanto cognitiva como emocionalmente.

---

[148] SCHRÖEDER, Christine da Silva. **A diversidade invisível**: as pessoas AH/SD e a vida profissional. Livro 1: primeiros olhares. Brasil: Amazon Publishing, 2020. p. 73-74.

[149] *Startup*, na definição do Sebrae, é um grupo de pessoas iniciando uma empresa, trabalhando com uma ideia diferente, escalável e em condições de extrema incerteza.

[150] A pedido, o nome e algumas informações biográficas foram modificadas a fim de garantir o sigilo da identidade da entrevistada.

Natalia[151], 34 anos, jornalista argentina

"Sempre choquei muito os outros. Sempre tive relações muito tóxicas com amigos, namorados, colegas de trabalho e família. Essa minha impulsividade e essa maneira de ser que eu tenho, quando não é bem administrada, é um perigo.

[...]

"Agora, aqui na Europa, estou trabalhando em uma startup. Eu sou a única mulher. Meus colegas são todos engenheiros de sistemas, pessoas de tecnologia e marketing, e eu sou jornalista. Fui contratada um pouco antes da pandemia [do novo coronavírus], e logo começamos a ter reuniões virtuais. Eu lembro que, já na primeira reunião, depois de algumas colocações do CEO da empresa, eu disse: 'Não, isso não está certo. Isso está errado', sem pensar com quem ou diante de quem eu estava falando. Porque não é só o fato de alguém ir contra o diretor máximo, é dar o mau exemplo para os outros ao fazer isso. Ele não me respondeu nada, e não tem coisa pior pra mim do que ser ignorada. Fiquei mal.

[...]

Depois da reunião, escrevi pro meu chefe: 'Você acha que eu deveria pedir desculpas pro CEO por ter respondido para ele diante de todos?' Ele riu e me disse: 'Mas por que você acha que te contratamos? Por que chamamos uma estrangeira e não uma local?'. E já emendou a resposta: 'Porque no mundo das startups, precisamos fazer brainstorming o tempo todo e precisamos de gente que diga na lata o que pensa sobre o que estamos fazendo ou o que deveríamos fazer. [risos] Se não fosse por isso, teríamos contratado uma local que fala espanhol, que tem de monte aqui. Não queremos pessoas politicamente corretas segundo as normas da sociedade, pessoas que trabalham e ficam de bico calado'.

[...]

Eu estou o tempo todo dizendo: "Não gostei disso" ou "Isso sim, isso não". Talvez não me digam nada na hora, mas depois: "A Natalia disse tal coisa... vamos rever isso... vamos pôr isso em prática". Então eu cheguei à conclusão de que é o trabalho ideal para mim. Porque não me contrataram só pelo que eu sei, mas pelo que eu sou [risos]. Me pagam por ser honesta (muitos risos).

[...]

Faz um ano e cinco meses que estou com eles. Passei os últimos quatro meses na Argentina e trabalhei de forma remota, sem nenhum problema. Quando voltei, contei todos os meus problemas pessoais. E me disseram: 'Não tem problema, tire uma semana para se reinstalar'.

[...]

[151] A pedido, o nome e algumas informações biográficas foram modificadas a fim de garantir o sigilo da identidade da entrevistada.

Depois que fui identificada com superdotação [quando estava na Argentina], até pensei que seria uma informação para colocar no currículo. Mas não sei se no âmbito de trabalho é bom falar disso. Ou seja, eu informo: tenho um QI superior, mas depois como eu coloco limites? Vão esperar sempre mais de mim, vão exigir mais de mim. Eu não quero ter agora na vida profissional o que eu não tive no colégio e na universidade, que era uma exigência ao nível em que eu estava [e não do grupo em que eu estava]. Não quero que me deem mais trabalho do que dão aos outros, ou que me deem coisas mais difíceis do que dão aos outros, simplesmente porque sabem que eu tenho mais capacidade. Isso eu não quero!

[...]

Estou tentando ser mais independente, porque eu acho que nenhuma pessoa com altas habilidades têm a verdadeira aptidão para trabalhar com carteira assinada. Temos que ser mais autônomas. Porque temos uma tolerância tão baixa a trabalhar em equipe, abaixo de uma hierarquia e com rotina, que é complicado. Eu estou tentando definir meu nicho e meu mercado empreendedor para ser minha própria chefe. Acredito que a melhor alternativa para todos nós é buscar empreendimentos próprios. A não ser que te chamem para trabalhar no Vale do Silício, porque lá eles procuram gente assim. [risos]

[...]

Por outro lado, também sinto que trabalhar com carteira assinada nos dá uma rotina, nos mantém ocupados e temos menos tempo para nos perder em nossos pensamentos. Atualmente estou em pleno processo de autodescoberta e mudanças pessoais e, talvez, o que digo agora seja diferente do que direi amanhã. Está claro para mim que este é um processo que vai durar o resto da vida".

TRAÇOS MARCANTES E DESAFIANTES

A necessidade de autonomia, sentida por muitos superdotados, parece acompanhar uma tendência de mercado. "Se trata da 'anticarreira', que é um conceito que, ao menos no Brasil, a primeira pessoa que vi usar foi Joseph Teperman, no seu livro de mesmo nome[152]. Não é só para as pessoas superdotadas, é geral", comentou Christine da Silva Schröeder em entrevista para este livro – questão que trata também em seu livro.[153] Os conceitos de "carreira" e "emprego" estariam a ponto de serem substituídos por "trajetória profissional" e "trabalho". E nessas categorias não estaria prescrito seguir sempre na mesma profissão.

[152] TEPERMAN, Joseph. **Anticarreira**: o futuro do trabalho, o fim do emprego e do desemprego. Como crescer com propósito e entusiasmo pela vida inteira. São Paulo: Inniti, 2019.

[153] SCHRÖEDER, *op. cit.*, p. 77-79.

Escalar os degraus da hierarquia de uma empresa por 30 anos ou mais, que antes era comum, tem sido bem menos frequente agora – com exceção do serviço público ou dos negócios de família. A vida profissional a ser seguida pelos adultos de hoje será bastante distinta daquela de seus avós e será ainda mais diferente da dos seus netos.

Essas transformações tendem a acomodar melhor os superdotados, que apresentam considerável rechaço por atividades rotineiras e modelos padronizados, além de enorme capacidade de automotivação e autonomia. Enquanto em culturas organizacionais mais tradicionais o apetite voraz dos mais habilidosos por múltiplos e novos projetos costuma ser interpretado como falta de foco ou dispersão, o mundo que se anuncia poderia valorizar esse perfil.

As pessoas de alto potencial estão sempre cruzando ideias de diferentes fontes e áreas para criar soluções, seja para resolver problemas ou para conceber propostas de produtos, serviços e negócios. Por causa disso, não é raro ver superdotados combinando diferentes profissões. No entanto, a sociedade atual ainda enxerga a multiplicidade de interesses e atividades como "dispersão". O ditame que predomina segue sendo o da especialização. Isso pode soar como prisão para as pessoas de alto potencial.

O mais indicado para elas é encontrar seu próprio círculo virtuoso em que variadas atividades fazem sentido entre si e se enriquecem mutuamente. Entender como funcionam, identificar seus interesses e ousar construir um caminho próprio é o que permitirá que as pessoas talentosas encontrem seu espaço e recuperem a autoconfiança, comumente minada por não corresponderem aos padrões externos.[154]

Vale lembrar ainda que os mais talentosos podem mostrar grande resistência em se engajar em atividades que não sejam de seu interesse – mesmo que envolvam um belo contracheque. Para eles, é muito importante e estimulante ver um sentido e ter uma causa maior por trás da função que estão desempenhando. Do contrário, a sensação de estar perdendo tempo é tamanha que drena sua energia.

É comum que as pessoas superdotadas não consigam se manter por muito tempo em um emprego fora de sintonia com seus propósitos. Mas a mudança não é sempre possível. Muitos dependem de empregos

---

154 PRIGNON, Sophie. **Sur le chemin du bien-être**. Lausanne, CH: Cabinet Hi-Mind, 2016.

que não lhes interessam para obter os recursos financeiros que cubram seus custos de vida ou que lhes garantam uma estabilidade financeira de longo prazo.

Quando não encontram propósito no próprio trabalho, uma alternativa é manter essa chama acesa por meio de atividades fora do expediente. Para manter o equilíbrio emocional, a pessoa com altas habilidades precisa encontrar tempo para suas paixões pessoais em atividades externas. Há quem encontre qualidade de vida no lazer ou no exercício de atividades criativas, por meio de artesanato, pintura, música, escrita, leitura, viagens, esportes, clube de xadrez etc. Há quem desenvolva um trabalho paralelo, voluntário ou um negócio próprio para suprir essa necessidade de trabalhar por uma causa maior e para contribuir com a sociedade.

E não costuma faltar energia para as horas extras. As zebras parecem incansáveis. Dedicar-se a múltiplas atividades de seu interesse é como combustível para essas pessoas. Em razão disso, a prática de colocar limites para si e para os outros costuma ser um enorme desafio para muitos superdotados.

"É uma coisa que levo até para a terapia. Estou aprendendo a fazer isso. Eu acho que é uma virada de chave, porque, o mundo não vai mudar, o mercado de trabalho não vai mudar, as empresas não vão mudar. Então somos nós que temos que fazer nossas vidas melhores", cutuca Christine Schröeder, que sofreu no começo de 2021 um *burnout*[155] avassalador, sobre o qual refletiu que, embora a superdotação não seja em si uma patologia, e nem a causa do *burnout*, a sobre-excitabilidade emocional – característica da pessoa superdotada – tornou tudo muito mais intenso.

Schröeder alerta que é preciso ser assertivo consigo mesmo, antes de mais nada, e deixar as culpas de lado, seja por fazer ou por não fazer os extras que são pedidos. Cada um deve se organizar nesse sentido e descobrir estratégias que funcionem para si. Os superdotados têm uma tendência a querer "abraçar o mundo", tanto pelo lado de assumir várias atividades, quanto de assumir o problema dos outros, dado o alto grau de

[155] Síndrome de *Burnout* ou Síndrome do Esgotamento Profissional é um distúrbio emocional marcado por sintomas de exaustão extrema, estresse e esgotamento físico resultante de situações de trabalho desgastante, que demandam muita competitividade ou responsabilidade. A principal causa da doença é justamente o excesso de trabalho. Fonte: Ministério da Saúde. Disponível em: https://antigo.saude.gov.br/saude-de-a-z/saude-mental/sindrome-de-burnout

empatia, muito frequente nessa condição. As pessoas talentosas entendem o desespero do próximo e se solidarizam com ele. Mas isso não pode se tornar um sofrimento.

Outra dificuldade no ambiente de trabalho, comumente enfrentada, é a participação em reuniões. Maria Lúcia Sabatella trabalha esse tema com os superdotados adultos que acompanha após a identificação. "Uma gerente de banco fantástica tinha sido promovida para trabalhar só com contas milionárias, mas pensou em deixar o emprego porque não suportava mais as reuniões", lembrou durante a entrevista que deu para este livro.

Gerente e psicóloga precisaram desenvolver táticas para driblar a situação. "Às vezes ela ia numa reunião, deixava os funcionários discutindo o tema e pedia para ser chamada quando tivessem escolhido as três melhores soluções. De alguma forma ela tinha que dar a possibilidade pra eles discutirem, mas que discutissem entre eles. Ela ficava com o que tinha de melhor. E a gente foi garimpando algumas formas diferentes de reduzir essa carga dela. Se essa profissional não se conhecesse, como poderia fazer esse tipo de coisa? Ia ficar se questionando por que não está dando certo num emprego belíssimo? Se irritaria rapidamente e dali a pouco perderia o emprego. Por isso, normalmente, as pessoas superdotadas vão trabalhar sozinhas pra não ter esse tipo de desgaste", comenta.

Ser parte de uma equipe pode ser custoso para as pessoas de alto potencial. Esperar o tempo do outro costuma ser entediante para as zebras, e desesperador para as mais inquietas. Sua forma distinta e ágil de pensar faz com que funcionem melhor sozinhas do que em grupo. Quando muitos ainda estão discutindo um projeto, elas já têm tudo bem claro na sua cabeça. Pode se tornar cansativo e frustrante ter que reduzir seu ritmo para acompanhar os demais.

E para complicar as coisas, vale recordar que é muito comum que os mais capazes não consigam explicar à equipe sua linha de raciocínio, para buscar agilizar as coisas. Por nem sempre terem acesso ao raciocínio desenvolvido até suas conclusões, devido ao processamento acelerado, à explosão de ideias simultâneas e às diversas inter-relações imediatas feitas no seu enorme "banco de dados" mental, podem acabar tendo dificuldade em serem levados a sério por seus pares.

Para a equipe, fica a impressão de que as posições defendidas são apresentadas "sem pensar" ou são "chutes". Só o tempo mostrará a razão que existia naquele ponto de vista apresentado. Os altos-habilidosos precisam exercitar a paciência e ter muita autoconfiança diante de situações desse tipo. Compreender que, por algum tempo, as "evidências" só serão vistas por eles próprios.

Mas, enquanto isso, muito mal-estar poderá estar envolvido. Essa incompreensão dos pares pode render rótulos indesejados e depreciativos. Além disso, no momento em que a equipe chegar às ideias e conclusões – prematuramente – apresentadas pelo mais capaz, ele provavelmente terá de enfrentar a apropriação do resultado por um terceiro. Alguém que apresentou a ideia no tempo de seus pares.

A consequência de tudo isso, comumente, é o isolamento. Em alguns casos, por opção do próprio superdotado que prefere se afastar dos demais por julgá-los incompetentes ou para evitar as dificuldades de entendimento com seus pares e chefes. Em outros, o isolamento é imposto pelos colegas que não entendem o que está sendo proposto ou que se sentem ameaçados por aquele profissional. Mas, quando o potencial dos mais capazes é reconhecido e respeitado no ambiente de trabalho, o contexto muda de figura e o profissional deslancha e leva sua equipe com ele.

Por essas e outras, administrar as questões que potencializam suas habilidades e reduzir os impactos negativos daquilo que os debilita devem ser tarefas constantes para os mais habilidosos. O primeiro passo pode ser uma simples adequação dos estímulos sensoriais que recebem diariamente. É importante procurar se proteger do excesso de estímulos – um inimigo invisível bastante comum. Apesar de simples, esta é uma das principais adaptações físicas para o melhor desempenho de um superdotado.[156]

Barulhos que desconcentram, frequente movimentação de pessoas pelo ambiente de trabalho e até mesmo a iluminação podem interferir no bem-estar, e no desempenho, daqueles que convivem com as hipersensibilidades características desse fenômeno – e muito bem descritas pelas teorias de Dabrowski (como visto nos capítulos 1 e 3). Às vezes tomadas como "chatice", implicância ou excentricidade, a superestimulação causa perturbações e pode chegar a afetar a saúde física e mental dos altos-habilidosos.

[156] PRIGNON, *op. cit.*

Daniel,[157] 54 anos, pediatra suíço

"Eu sou pediatra e trabalhei muitos anos em hospital. Mas eu deixei de atuar em hospital, porque às vezes as pessoas vão muito devagar, a meu ver, ou não vão a fundo. Agora eu tenho meu consultório, e eu prefiro assim, porque posso fazer como eu gosto. Está tudo na minha cabeça. Sou independente na prática da minha profissão e isso é perfeito pra mim. Eu sou pediatra e também homeopata e acupunturista (a laser). Eu gosto de explorar outros campos e conectar todos eles. Pra mim é muito fácil passar de uma medicina pra outra. Aqui na minha cidade tem 250 pediatras e eu sou provavelmente o único interessado nessas medicinas complementares. E sou muito reconhecido por isso na minha área.

[...]

Minha hipersensibilidade me permite sentir facilmente as pessoas, suas emoções, o que está passando pela cabeça delas, o que elas estão escondendo. E isso é de muita ajuda na minha área, para fazer diagnósticos e para entender pais e filhos – afinal, eu atendo crianças que não falam ou não sabem se expressar bem. Mas, às vezes, isso também é muito difícil na vida, quando eu não quero ver nem saber tudo que está dentro de todo mundo.

[...]

Eu não faço identificação, mas eu consigo perceber quando as pessoas são superdotadas. Já vi muitas pessoas, mas muitas mesmo, com diagnóstico de hiperatividade, que na verdade tinham superdotação. Várias fizeram as avaliações e foram reconhecidas".

Laura, 39 anos, brasileira, professora de alemão

"Eu entendo alguns problemas profissionais meus à raiz também das altas habilidades. Tem um lado aí que não é sempre positivo.

[...]

[157] A pedido, o nome e algumas informações biográficas foram modificadas a fim de garantir o sigilo da identidade do entrevistado.

Eu gosto de ensinar as pessoas, eu gosto de ajudar as pessoas, eu me disponibilizo pra isso. E eu acho que esse excesso de empatia, esse excesso de preocupação com o outro, esse sentir o problema do outro como se fosse meu, eu acho que é uma característica minha, então eu atuo dessa forma. Em muitos ambientes isso vai ser tolerável e isso vai ser bem-visto. Mas se eu encontrar pessoas com ego frágil, eu vou ter situações difíceis no trabalho, como já tive. Já fui quase demitida por causa desse tipo de pessoa e já pedi demissão por causa dessas coisas também.

[...]

Eu vejo que, às vezes, sem querer, de verdade que não é minha intenção, eu acabo expondo falhas dos outros, ou eu faço que os outros se vejam expostos ou se sintam intimidados, porque eu pergunto muito. Eu posso algumas vezes gerar esse tipo de reação no mercado de trabalho. Mas eu tento entender isso como: não é uma falha minha não, é o outro que não dá conta.

[...]

Não senti que minha forma de trabalhar tenha mudado nem que eu tenha passado a me pressionar mais por resultados depois da identificação. Eu senti um outro tipo de pressão, como se fosse uma dívida histórica: que eu teria de reconhecer as diferenças com mais afinco, com mais detalhe, e de saber trabalhar com as pessoas na sua diferença, de respeitar um pouco isso mais, de dar mais valor pra isso. De entender a necessidade de tratar o outro a partir da sua diferença, e não com o critério de que são todos iguais. São todos diferentes! E cada um tem que ser tratado a partir da sua diferença, a partir da sua sutileza".

A FORÇA DA DIVERSIDADE

"A neurodiversidade pode ser tão crucial para a raça humana quanto a biodiversidade é para a vida em geral", afirmou o jornalista Harvey Blume em um artigo de 1998 para a revista *The Atlantic*,[158] em um momento em que as empresas de tecnologia começavam a olhar com interesse o potencial dos autistas para atuar e inovar na área. Blume teria sido o primeiro a usar publicamente o termo "neurodiversidade", construído na troca de ideias entre ele e Judy Singer, socióloga australiana e portadora da síndrome de Asperger.[159] Juntos eles popularizaram o conceito.

---

[158] BLUME, Harvey. Neurodiversity. **The Atlantic**, set. 1998. Disponível em: https://www.theatlantic.com/magazine/archive/1998/09/neurodiversity/305909/. O artigo inspirava-se em conteúdos do Institute for the Study of the Neurologically Typical (ISNT), criado na década de 1990, pelo sueco Erik Engdahl, nascido em 1957 e portador de autismo. Engdahl avaliava o mundo do seu ponto de vista em contraposição às percepções dos chamados "normais". Descreveu a visão da sociedade sobre o autismo nos seguintes termos: "A síndrome neurotípica é um distúrbio neurobiológico caracterizado pela preocupação com questões sociais, delírios de superioridade e obsessão com conformidade. Os indivíduos neurotípicos frequentemente assumem que sua experiência do mundo é a única ou a única correta". Disponível em: https://erikengdahl.se/autism/isnt/. Observação: o conteúdo deste site é uma paródia. Não deve ser interpretado literalmente.

[159] Síndrome de Asperger, um grau mais leve do autismo, que afeta de forma menos grave a comunicação e a sociabilidade das pessoas.

No ano seguinte, em 1999, Judy Singer, publicou o ensaio *Por que você não pode ser normal uma vez na sua vida? De um "problema sem nome" para a emergência de uma nova categoria de diferença* (em tradução livre).[160] Nele, Singer sustenta o respeito às diferenças neurológicas como uma variação natural dentro da espécie humana, que não precisa ser "curada". Para ela, cada ser humano é único em sua composição cerebral, inclusive os neurotípicos.

Desde então, suas ideias se tornaram uma bandeira dos ativistas pelos direitos das pessoas com dificuldades de aprendizagem, transtornos de humor, dislexia, autismo ou transtorno de déficit de atenção e hiperatividade (TDAH). Eles defendem que a neurodiversidade deve ser respeitada da mesma forma que a diversidade de gênero ou raça, e que as formas neuroatípicas ou neurodivergentes de ver o mundo devem ser reconhecidas como um bem para as empresas e sociedade como um todo. Os superdotados também são considerados neuroatípicos.

Na presente realidade, no entanto, o máximo que os neurodivergentes podem esperar é contar com um gestor que tenha um olhar mais sensível e uma postura flexível, para adaptar o que estiver a seu alcance. Iniciativas para melhorar as condições de trabalho dos funcionários atípicos não costumam vir de diretrizes institucionais, mas isoladamente chegam a acontecer. Geralmente os gestores que têm um olhar mais atento para essas diferenças são aqueles que convivem com pessoas neuroatípicas na família ou no seu círculo social próximo, que conhecem o tema da superdotação ou que são, eles mesmos, neuroatípicos.

"Eu faço um pouco isso com os alunos. Não posso identificar se eles são ou não superdotados, mas quando eu vejo que tem um aluno um pouco diferente, que quer mais coisa, eu dou corda e flexibilidade pra ele", comenta Christine Schröeder.

Para ela, como superdotada, com mestrado em Recursos Humanos e doutorado em estudos organizacionais, enquanto essa discussão não se tornar mais natural, o melhor é não esperar muita coisa dos colegas, ou das empresas, e se munir de ferramentas e estratégias para viver bem no ambiente de trabalho. Um dos caminhos que Christine Schröeder vê para sensibilizar as pessoas sobre a condição é que os próprios superdotados comecem a levar esse tema para dentro do seu ambiente de trabalho.

---

[160] SINGER, Judy. Why can't you be normal for once in your life? From a 'problem with no name' to the emergence of a new category of difference. *In*: CORKER, M.; FRENCH, S. (orgs.). **Disability discourse Buckingham**. Philadelphia: Open University Press, 1999. p. 59-67.

Mesmo que abracem essa causa, o movimento tende a ser discreto e lento porque são raros os talentosos que contam da sua identificação para seu círculo profissional ou que tratam do tema abertamente. “Sair do armário” ainda representa enfrentar muitos preconceitos, inveja ou desdém dos colegas e até dificuldades maiores decorrentes disso, como perseguição por parte de chefes ou pares e aumento da pressão por resultados.

Sendo realista, apesar de as empresas começarem a entender o valor da diversidade para os resultados de seus negócios, ainda são escassas no Brasil aquelas que querem, podem e conseguem fazer adaptações para acolher os neurodivergentes — especialmente no caso dos superdotados, que são vistos como “privilegiados” pela sua condição. A saída, portanto, é para dentro: o autoconhecimento. Quanto mais adultos identificados e aptos para compensar o despreparo da sociedade em lidar com suas idiossincrasias, menor o desperdício de talentos e menos indivíduos infelizes, frustrados pela sensação de que não se encaixam neste mundo.

AMBIENTE CORPORATIVO

COMPORTAMENTOS DA PESSOA COM ALTAS HABILIDADES/SUPERDOTAÇÃO VANTAGENS E DESVANTAGENS

Do ponto de vista das empresas, conhecer os comportamentos e dinâmicas envolvendo profissionais com altas habilidades é essencial para o equilíbrio e o fortalecimento da equipe.

Do ponto de vista do superdotado, entender esse quadro lhe garante uma vantagem competitiva e um instrumento de qualidade de vida no trabalho.

Confira!

<table>
<tr><th>COMPORTAMENTOS</th><th>VANTAGENS
Pode...</th><th>DESVANTAGENS
Pode...</th></tr>
<tr><td>Tem interesse em assuntos muito diferentes dos outros</td><td rowspan="3">ter conhecimento que contribua muito para encontrar soluções, empreender e inovar; ser respeitado/a por isso valorizar muito seu trabalho e ter muita dedicação e cuidado nas suas tarefas e atividades</td><td rowspan="3">se isolar por não encontrar pares; ter dificuldade para socializar com seus colegas em atividades fora do trabalho; ser visto como uma ameaça por seus colegas; gerar sentimentos de inveja e raiva</td></tr>
<tr><td>Tem muita informação sobre temas do seu interesse</td></tr>
<tr><td>Se sente diferente dos outros, na maneira de pensar, sentir e agir</td></tr>
<tr><td>Costuma ser o/a funcionário/a com melhor rendimento se estiver na posição correta</td><td>ser muito mais produtivo/a do que seus colegas</td><td>provocar sentimentos de inveja e raiva; ser considerado uma ameaça por seus colegas</td></tr>
<tr><td>Prefere trabalhar sozinho/a</td><td>ser muito eficiente quando trabalha só</td><td rowspan="2">ter dificuldades para trabalhar em equipe</td></tr>
<tr><td>É muito independente e autônomo/a</td><td>não precisa de incentivo nem controle para terminar suas tarefas</td></tr>
<tr><td>Tem um senso de humor muito diferente dos outros</td><td>rir das suas próprias conquistas ou dificuldades; encontrar humor em situações que não são cômicas para os demais</td><td>fazer piada que não tem graça para ninguém; sofrer bullying porque os outros não entendem seu humor</td></tr>
<tr><td>Se preocupa muito com questões éticas, morais, sociais e ambientais</td><td>ser muito rigoroso/a e inflexível em questões éticas e morais; participar de ações comunitárias e em ONGs; ser muito responsável e exigente em questões ambientais</td><td>se sentir afetado/a por atitudes que não lhe parecem corretas; sentir que os outros são pouco éticos, que não se preocupam com os outros, que não têm responsabilidade ecológica</td></tr>
</table>

COMPORTAMENTOS	VANTAGENS	DESVANTAGENS
	Pode...	Pode...
É perfeccionista e inconformista; é muito exigente e crítico/a consigo mesmo/a e nunca fica satisfeito/a com o que faz	ter expectativas muito altas; cuidar dos mais mínimos detalhes e revisar exaustivamente tudo o que faz ou que é feito pelos seus colegas e subordinados	demorar mais do que o necessário para terminar ou entregar uma tarefa ou trabalho e às vezes destruir o que fez por considerar que não está contente com o resultado; ser muito exigente com seus colegas e/ou subordinados
É mais observador/a do que os outros, percebe coisas que os outros não percebem	perceber e notar erros e falhas em procedimentos e pessoas	ser muito detalhista e encontrar defeitos em tudo o que seus chefes, colegas ou subordinados/as fazem
É intolerante com pessoas ou atitudes que não considera corretas	ser extremamente ético/a e respeitoso/a	ser arrogante e muito exigente com seus colegas ou subordinados
Tem uma memória muito desenvolvida	ter muita facilidade para trabalhos que requerem boa memória	guardar ressentimentos na sua memória, o que pode dificultar o relacionamento com os demais
Tem um vocabulário muito rico	explicar muito bem o que quer ou pensa	não ser entendido/a pelos outros por usar uma linguagem muito rebuscada
Tem grande capacidade de inferência	compreender por meio da prática, indo das partes para o todo; ser mais prático/a do que teórico/a	não ter muita paciência para ler manuais ou instruções
Tem grande capacidade de generalizar	explicar procedimentos, atividades e tarefas de forma fácil por meio de situações teóricas; elaborar projetos e apresentações	perder de vista detalhes importantes

COMPORTAMENTOS	VANTAGENS	DESVANTAGENS
	Pode...	Pode...
Aprende muito mais rápido do que os outros	ser muito produtivo/a e terminar as tarefas antes dos outros/as	se entediar com facilidade e ocupar o tempo livre com atividades de fora do trabalho
Gosta de enfrentar desafios	empreender ou experimentar projetos, atividades ou tarefas novas sem ter medo de fracassar	
Gosta de arriscar para conseguir o que julga ser correto		ser considerado/a muito temerário/a no que faz; propor ou se propor metas altas demais
Faz perguntas inteligentes para entender o que quer	não precisar de muitas explicações para desenvolver seu trabalho	ser visto/a como alguém que pergunta demais, que faz perguntas que não têm muito a ver ou que são incômodas
Se adapta facilmente a situações novas e as modifica	ser transferido/a de seção ou atividade sem maiores inconvenientes	gerar inveja ou raiva nos seus colegas
Tem um pensamento abstrato muito desenvolvido	idealizar com facilidade; antecipar os resultados de um projeto ou atividade	se desviar com facilidade por aspectos menos perceptíveis ou profundos demais
Propõe grande quantidade de ideias e soluções inteligentes e pouco comuns; encontra novos caminhos para resolver problemas	criar e propor ideias novas e soluções inovadoras	ser considerado/a inconveniente por acabar propondo atividades que exigem mais trabalho
É extremamente imaginativo/a e inventivo/a		
É muito curioso/a	se interessar por tudo o que acontece a seu redor	se intrometer em assuntos ou atividades que não são da sua competência; perguntar demais
É muito sensível e intuitivo/a	se intrometer em assuntos ou atividades que não são da sua competência; perguntar demais	se sentir afetado pelas atitudes ou comportamentos de colegas ou chefes; diminuir sua autoestima

COMPORTAMENTOS	VANTAGENS Pode...	DESVANTAGENS Pode...
Sabe compreender ideias diferentes das suas	explicar ideias dos outros; ajudar seus colegas e chefes a liderar	ser considerado/a muito neutro/a em situações de conflito ou ser considerado aquele/a que não toma partido por nada nem ninguém
Detesta a rotina repetitiva de procedimentos ou tarefas que conhece	ser inovador/a de maneira natural	se entediar com facilidade e comprometer sua performance; desenvolver síndrome de burnout
Não aceita autoritarismos	não se afastar da democracia; ser muito justo com os outros	ter dificuldade para se subordinar, aceitar ordens ou chefes autoritários; questionar permanentemente
Tem dificuldade para cumprir normas ou regras que julga não serem corretas ou não fazerem sentido	querer entender as razões de determinadas ordens ou regras	
Dedica muito mais tempo e energia a tarefas ou atividades de seu interesse; insiste em buscar soluções para os problemas	usar tempo extra para desenvolver uma tarefa, atividade ou projeto; levar trabalho para casa	exagerar o tempo que dedica a cada tarefa, atividade ou projeto, perdendo prazos de entrega
É muito firme e às vezes teimoso/a em suas convicções	defender o que pensa com bons argumentos e acreditar neles	não ser fácil de convencer ou ser difícil de mudar de ideia
Tem facilidade para planejar, estabelecer metas e prioridades, etapas, métodos e detalhes	ser um/a bom/a coordenador/a de projetos e líder de equipes de trabalho; elaborar projetos bem estruturados, factíveis e viáveis; se antecipar a possíveis obstáculos	querer mudar procedimentos ou métodos nos quais vê defeitos ou falhas; detectar erros em projetos, procedimentos ou atividades
Reconhece os obstáculos quando planeja		
Sabe distinguir consequências e defeitos de ações		

COMPORTAMENTOS	VANTAGENS	DESVANTAGENS
	Pode...	Pode...
É persistente nas atividades que lhe interessam e busca terminá-las	não deixar atividades ou tarefas por terminar	se incomodar por seus colegas ou subordinados/as não terminarem suas tarefas ou atividades; assumir responsabilidades que não lhe competem
Termina suas tarefas em muito menos tempo do que seus colegas	ser mais eficiente do que seus colegas	causar inveja e fazer com que seus/suas chefes se sintam ameaçados/as; se entediar com facilidade
É autossuficiente	não precisar de muitas explicações para desenvolver seu trabalho; não depender dos outros	
É escolhido por seus colegas e chefes para coordenar	ter facilidade para liderar equipes de trabalho e estabelecer boas relações com os chefes	manobrar colegas e situações de trabalho
É persuasivo/a e sabe convencer os outros com seus argumentos		
Tem tendência a organizar grupos		
É cooperador/a	ajudar seus colegas	ser visto como alguém muito apegado às conveniências da empresa
É muito direto/a e, às vezes, sem tato	ser muito sincero/a com todo mundo	causar incômodo entre seus colegas e ser grosseiro/a

Fonte: Pérez (2018, p. 170-175, tradução livre)[161]

[161] PÉREZ, Susana Graciela Pérez Barrera. **Personas con altas habilidades/superdotación**: ser o no ser? Guarapuava: Apprehendere, 2018.

CAPÍTULO 8

E AGORA?

Aqui termina a ponte que este livro se propôs a construir. No melhor dos casos, velhos mitos e preconceitos foram levados pela correnteza.

Agora você já sabe que a superdotação vai muito além das capacidades de memória e processamento cognitivo e, mesmo, de um resultado de teste de QI isolado. Muitas características fazem parte desse pacote, como sensibilidade à flor da pele, motivação intrínseca, curiosidade sem fim, sede por conhecimento, criatividade, autonomia e senso elevado de moral.

Diversidade é riqueza, seja em questão de raça, gênero, orientação sexual, seja na forma de funcionar, viver a vida. Mas ser intenso e diferente assim costuma ser, no mínimo, complicado.

QUESTÃO DE PERSPECTIVA

O termo "neurodiversidade" foi criado para esclarecer que o dito "normal" é apenas uma faixa onde a maioria das pessoas se encontram, de acordo com o seu processamento e comportamento. Não é uma categoria em que todos devem se encaixar.

Com o olhar renovado para o fenômeno da superdotação, talvez você tenha se identificado com as características descritas ou com os relatos de vida apresentados neste livro. Talvez tenha reconhecido que sua filha, seu filho ou outra pessoa próxima a você apresenta grande parte dos comportamentos relatados. Quem sabe, o que leu ao longo desta obra faça sentido para decifrar aquele ou aquela colega de trabalho que você não conseguia entender muito bem. Ou esse pode ser o caso de um paciente que trouxe até você questionamentos inusitados e sensação de inadequação constante. Lembre-se que de 50 pessoas do seu círculo social, pelo menos

1 (e até 15) será superdotada.[162] E em uma família com um superdotado, haverá outros mais.

Daqui para frente você tem muito a explorar. São muitos os trajetos possíveis de se percorrer conhecimento adentro, tudo depende do seu interesse pessoal.

Apesar de poucos livros e teses, no Brasil, sobre superdotação na fase adulta, existe uma grande oferta de material sério em português, disponível inclusive digitalmente, para você ir mais longe em diferentes aspectos das altas habilidades. Mas, principalmente quando se trata de um espaço como a internet, em que cada um pode se expressar livremente, é recomendável filtrar os conteúdos de referência.

Para seguir por um bom caminho, com informações de qualidade e confiáveis, há uma variada seleção de fontes reunidas abaixo – além da bibliografia desta obra. De forma alguma, presume-se aqui esgotar ou elencar as opções existentes. Busca-se apenas sinalizar pontos de referência seguros, identificados ao longo da construção deste livro.

A ponte termina, mas você pode seguir na boa companhia de trabalhos de profissionais brasileiros especializados na área, entidades presentes no país que promovem um melhor entendimento sobre o tema e, finalmente, teses e livros em português, focados na fase adulta, que provavelmente responderão às suas perguntas e inquietações.

Não pare por aqui! Há muito mais por descobrir.

ORGANIZAÇÕES

Conselho Brasileiro para a Superdotação (ConBraSD)

https://conbrasd.org/

Criado em 2003, o ConBraSD é a referência nacional no tema. Estudantes, indivíduos ou pessoas jurídicas podem se tornar associados para receber apoio, notícias e promover serviços relacionados. Além de informações atualizadas de alta qualidade sobre o tema, o site oferece uma ampla lista de

[162] Segundo as estatísticas mais conservadoras, as pessoas superdotadas representam, no mínimo, 2,3% da população mundial. (CLOBERT; GAUVRIT, *op. cit.*, p. 671). Joseph Renzulli acredita que essa proporção possa abranger de 15 a 20% da população, com base nos avanços conceituais que ele mesmo promoveu no entendimento do fenômeno (RENZULLI *apud* REIS; RENZULLI *op. cit.*).

profissionais especializados na identificação e atendimento de pessoas com altas habilidades, em todo o país. Perfis de Instagram e Facebook mantêm os seguidores atualizados das novidades.

MENSA

https://www.mensa.org/

https://mensa.org.br/

Organização internacional que reúne pessoas com alto desempenho no teste de QI. Foi criada em 1946, na Inglaterra, e atualmente tem mais de 145 mil associados pelo mundo. Conta com estrutura física em 100 países. Oferece material próprio a respeito de inteligência e superdotação, em português e em muitas outras línguas.

Instituto Brasileiro de Superdotação e Dupla Excepcionalidade (instituto2e)

Embora não tenha um site, oferece conteúdo por meio do Facebook e de um canal no YouTube. Trata dos casos em que a superdotação vem acompanhada de outra condição especial, como o transtorno do espectro autista. Foi criado por Claudia Hakim.

Instituto para Otimização da Aprendizagem (INODAP)

http://www.inodap.org.br/

ONG localizada em Curitiba, fundada por Maria Lúcia Sabatella, uma das pesquisadoras pioneiras na área de superdotação no Brasil, autora do livro *Talento e superdotação: problema ou solução?* (Editora Intersaberes, 2013). Começou a atuar em 1992, mas só ganhou personalidade jurídica em 2000. Trabalha na identificação e avaliação do potencial intelectual e na orientação e apoio de famílias de indivíduos superdotados.

Instituto Virgolim para Altas Habilidades e Superdotação

www.institutovirgolim.com.br/

Localizado em Brasília, foi criado em 2020 por Ângela Virgolim, psicóloga respeitada no tema, presidente do ConBraSD na gestão 2019/2021, autora e organizadora de vários livros sobre altas habilidades. O instituto faz avaliação de crianças com indícios de superdotação e orienta escolas para atender melhor os pequenos com altas habilidades. Procura chamar a atenção da sociedade para as necessidades especiais e habilidades diferenciadas desse grupo.

Centro para Desenvolvimento do Potencial e Talento (CEDET)

http://aspatlavras.blogspot.com/

Fundado por uma das maiores autoridades no tema da superdotação no Brasil, Zenita Guenther, o CEDET existe desde 1993 em Lavras e mais tarde se expandiu também para outras cidades do país, Poços de Caldas (MG), Assis, São José dos Campos e São José do Rio Preto (SP).

Sistema de Avaliação de Testes Psicológicos (SATEPSI)

https://satepsi.cfp.org.br

Desenvolvido pelo Conselho Federal de Psicologia, este sistema é responsável por validar instrumentos de diversos testes psicológicos, entre eles testes de medição de inteligência, funcionamento cognitivo, traços de personalidade e de identificação de altas habilidades. Entretanto, é importante lembrar que algumas ferramentas respeitadas para este fim não fazem parte das listas do Satepsi.

Associações estaduais de superdotação ou de superdotados

Algumas entidades regionais promovem o tema localmente, de forma presencial e por meio das redes sociais. Procure na internet se onde você vive existe uma associação atuante. Em São Paulo, por exemplo, há a Associação Paulista para Altas Habilidades/Superdotação (APAHSD) e o Núcleo Paulista de Atenção à Superdotação (NPAS).

EVENTOS E CURSOS ONLINE

Sympla

"Com a pandemia, a divulgação sobre a superdotação está bem maior. De repente começou a se falar sobre superdotação sem muita vergonha, porque, até dois anos atrás, superdotação parecia palavrão", comentou Maria Lúcia Sabatella em entrevista para este livro. Por meio da plataforma Sympla, o INODAP (Instituto para Otimização da Aprendizagem, fundado por ela), promove palestras, *lives* e conversas sobre o tema, para a sociedade em geral. Também se reúnem no Sympla, grupos de superdotados de diferentes faixas etárias, o que antes ficava restrito ao presencial.

Youtube, Instagram, Facebook

A proliferação de *lives*, eventos online e cursos a distância durante a pandemia, envolveu também a área de superdotação. Seguindo perfis do Instagram, Facebook, YouTube e sites de entidades reconhecidas é possível se atualizar sobre a variada e frequente programação.

Para fazer buscas mais certeiras, use o símbolo # (conhecido no mundo virtual como *hashtag*) antes de uma palavra ou frase do seu interesse. Tudo o que tiver sido postado usando essa *hashtag* aparecerá. Os termos mais presentes no caso são: #superdotação, #superdotacao, #altashabilidades, #ahsd, #superdotado, #superdotada.

Para buscar por perfis (ou seja, nomes de pessoas, profissionais, instituições, empresas ou outros que mantêm uma página sobre si ou seu trabalho), utilize o símbolo de arroba diante do nome. Por exemplo, a sigla da instituição de referência em superdotação ConBraSD: @conbrasd. Ou para encontrar uma pessoa, supondo que seja a psicóloga especializada em superdotação indicada abaixo: Patricia Neumann. Logo que você digitar o nome dela após o arroba (@patricianeumann), irá aparecer uma lista de opções de "Patricia Neumann" pelo mundo afora. A especialista, no caso, terá depois do nome a sigla "ahsd", abreviação de "altas habilidades e superdotação", seu perfil nas redes sociais, portanto, é @patricianeumann.ahsd. As buscas também funcionam se não for usado nenhum símbolo antes das palavras, mas as opções encontradas aparecem de forma mais desordenada.

REFERÊNCIAS COM MATERIAL CONSTANTE E EXCLUSIVO

Claudia Hakim

http://maedecriancassuperdotadas.blogspot.com.br/

Advogada, especialista em Direito da Educação, pós-graduada em Neurociências e Psicologia Aplicada. Oferece consultoria jurídica relacionada à superdotação. Autora do livro *Superdotação e Dupla Excepcionalidade* (Juruá Editora, 2016) e do blog "Mãe de Crianças Superdotadas". Criadora dos grupos no Facebook Mãe de Crianças Superdotadas e Asperger e

Superdotação, e sócia-fundadora do Instituto Brasileiro de Superdotação e Dupla Excepcionalidade.

Denise Arantes-Brero

https://www.denisearantesbrero.com.br/

Psicóloga, especialista em altas habilidades e doutora em psicologia do desenvolvimento e aprendizagem. É presidente da ConBraSD (gestão 2021-2022). Autora de vários artigos sobre o tema e de um livro, *Altas Habilidades/Superdotação na Vida Adulta - Modos de Ser e Trajetórias de Vida* (Juruá Editora, 2020). Apresentadora do podcast "Altas Conversas, Altas Habilidades", um dos únicos podcasts sobre superdotação que existem hoje, disponível em diferentes plataformas - grande parte dos episódios é voltada para questões dos adultos. Brero faz também atendimento, identificação e oferece conteúdo no Facebook, Instagram e YouTube. Tem um curso online de introdução ao tema (mais direcionado à superdotação na infância).

Patricia Neumann

https://ahsdtdp.wixsite.com/meusite

Sob o lema "Nenhum talento a menos", esta psicóloga paranaense faz atendimento, identificação, promove conhecimento sobre a superdotação e oferece cursos para profissionais. Seu site, Facebook, Instagram e canal no YouTube trazem bastante informação sobre o fenômeno. Autora de diversos trabalhos e artigos sobre o tema.

Simone Clemens

www.educarsi.com/

Brasileira residente na Alemanha, com formação em pedagogia, especialização em altas habilidades e hipersensibilidade, e *coach* de superdotados. Mantém há cinco anos o canal no YouTube, hoje chamado "Superdotação simples pra você", com muito material voltado para o adulto. Também produz conteúdo exclusivo no blog sobre superdotação dentro do seu site, mas o conteúdo é predominantemente sobre as crianças.

Lorena Rocha

@Cerebro.em.ebulicao

Brasileira superdotada que mora na França há anos, é *coach* pessoal, e tem como missão ajudar os adultos brasileiros "com um cérebro em ebulição, a entenderem quem são, valorizando seu modo de funcionamento atípico e a libertar seu pleno potencial". Oferece conteúdo próprio por meio do seu Instagram, Facebook e canal no YouTube "Cérebro em Ebulição".

Supereficiente mental

https://supereficientemental.com/

Blog criado em 2013 pelo superdotado Felipe Russo. Concentra muito conteúdo sobre questões da vida adulta das pessoas de alto potencial e traz relatos inéditos de adultos superdotados.

LIVROS EM PORTUGUÊS[163]

Pequeno guia para pessoas inteligentes que não estão dando certo

Obra de Béatrice Millêtre, traz uma farta descrição do funcionamento cognitivo das pessoas com alta habilidade, com linguagem ágil e simples. Foi traduzido ao português pela Guarda-Chuva Editora, em 2009, um ano depois do seu lançamento na França, país de origem da autora, que é psicoterapeuta, especializada em Ciências Cognitivas e funcionamento cerebral.

Altas habilidades/superdotação, talento, dotação e educação

Organizado por Laura Ceretta Moreira e Tania Stoltz, esta obra, publicada em 2012 pela Juruá Editora, reúne 24 estudiosos brasileiros e estrangeiros na área. Totalmente voltado para questões relacionadas à educação das pessoas de alto potencial, envolvendo o ensino universitário.

[163] Grande parte desta relação de obras, publicadas nos últimos 20 anos, foi encontrada durante as pesquisas de Christine da Silva Schröeder para seu livro "A Diversidade Invisível: As Pessoas AH/SD e a Vida Profissional". "Livros em que foram identificados capítulos que abordam temas relacionados a altas habilidades e superdotação com ênfase ou aplicabilidade a pessoas adultas entre os anos 2000 e 2020". Tais obras foram igualmente consultadas para este livro.

O funcionamento inteligente de adultos com altas habilidades

De autoria de Marsyl Bulkool Mettrau, foi publicado em 2013 em coedição pela Editora Prismas e Appris Editora (esgotado). Evidencia as dificuldades encontradas pelas pessoas superdotadas, já na fase adulta, diante dos mitos predominantes a respeito do fenômeno.

Superdotados - Trajetórias de Desenvolvimento e Realizações

Compilado por Denise de Souza Fleith e Eunice M. L. Soriano de Alencar, duas referências na área, este livro, publicado em 2014 pela Juruá Editora, traz histórias reais de como brasileiros e estrangeiros superdotados, de diversas idades, realidades socioeconômicas e culturais distintas superaram obstáculos e alcançaram sua realização.

Altas habilidades/superdotação: processos criativos, afetivos e desenvolvimento de potenciais

Organizado por Angela Virgolim, este livro, publicado em 2018 pela Juruá Editora, reúne relatos empíricos, estudos de caso, reflexões e propostas para o desenvolvimento de habilidades cognitivas e socioemocionais dos superdotados, escritos por 27 renomados pesquisadores. Conta com um capítulo focado em trajetórias de vida de superdotados e outro sobre altas habilidades no ensino superior.

Altas habilidades/superdotação, inteligência e criatividade: uma visão multidisciplinar

Outra obra organizada por Angela Virgolim, também em 2018, mas neste caso em parceria com Elisabete Castelon Konkiewitz e publicada pela Papirus Editora. O livro oferece 19 abordagens sobre inteligência, criatividade e superdotação, com um capítulo em especial que trata sobre a vida do superdotado, da infância à fase adulta.

A Diversidade Invisível: As Pessoas AH/SD e a Vida Profissional

Um dos poucos livros totalmente voltado ao mundo dos adultos superdotados, expõe a marcante falta de conhecimento sobre o tema no mundo corporativo, nas áreas de recursos humanos (RH) e na sociedade em geral. Livro digital publicado em 2020, pela *Amazon Publishing*, por

Christine da Silva Schröeder, doutora em Administração, pesquisadora na área de gestão de pessoas e relações de trabalho, professora e orientadora na Universidade Federal do Rio Grande do Sul.

Altas Habilidades/Superdotação na Vida Adulta – Modos de Ser e Trajetórias de Vida

Essa tese de mestrado de Denise Arantes-Brero se tornou livro em 2020, pela Juruá Editora, quase 10 anos depois de ser defendida. Analisa relatos de pessoas jovens e adultas com altas habilidades, sobre sua vivência da identificação, o período escolar, as relações familiares, afetivas e sociais, bem como o entendimento deles a respeito deste fenômeno.

TESES SOBRE ADULTO EM PORTUGUÊS

Ser ou não ser, eis a questão: O processo de construção da identidade na pessoa com altas habilidades/superdotação adulta

http://tede2.pucrs.br/tede2/handle/tede/3567

Primeiro estudo voltado para o adulto superdotado no país, de 2008, e ainda um dos poucos no tema. Tese de pós-graduação de Susana Pérez, uruguaia que residiu no Brasil por cerca de 40 anos e é uma das pesquisadoras pioneiras na área, aqui e no seu próprio país. É autora de outros trabalhos, artigos, capítulos e livros na área. É criadora também de questionários para a identificação de crianças e adultos com altas habilidades.

A mulher com altas habilidades/superdotação: À procura de uma identidade

https://www.scielo.br/j/rbee/a/qCDKrWPRqGSnZSsyRtxCCvm/?lang=pt

Estudo pioneiro sobre a temática da mulher superdotada, de 2012. Trata sobre questões específicas que dificultam ainda mais a identificação das mulheres, mesmo quando ainda meninas. Tese escrita por Susana Pérez em parceria com Soraia Napoleão Freitas, especializada em Educação Especial, professora de graduação e pós-graduação do Departamento de Educação Especial da Universidade Federal de Santa Maria.

REFERÊNCIAS

LIVROS

ARANTES-BRERO, Denise Rocha Belfort. **Altas habilidades/superdotação na vida adulta**: modos de ser e trajetórias de vida. Curitiba: Juruá, 2020.

ASSIS, Machado. **O Alienista**. São Paulo: Ática, 1996. Série Bom Livro.

BRASSEUR, Sophie; CUCHE, Catherine. **Le haut potentiel en questions**. Bruxelles, BE: Éditions Mardaga, 2017.

CHACÓN, Carmen Sanz. **La maldición de la inteligencia**. Barcelona, ES: Plataforma Editorial, 2014.

CLARK, Barbara. **Growing up gifted**: developing the potential of children at home and at school. New York, USA: MacMilan Publishing Company, 1992.

CLOBERT, Nathalie; GAUVRIT, Nicolas. **Psychologie du haut potentiel**. Bruxelles, BE: Éditions de Boeck Supérieur, 2021.

DAMÁSIO, António. **O erro de Descartes**: emoção, razão e o cérebro humano. São Paulo: Companhia das Letras, 2012.

DANIELS, Susan; PIECHOWSKI, Michael. **Living with intensity**: understanding the sensitivity, excitability, and emotional development of gifted children, adolescents, and adults. Arizona, EUA: Great Potential Press, 2008.

FARIAS, Elizabeth Regina Streisky de. **Mitos, teorias e verdades sobre altas habilidades/superdotação**. Curitiba: Intersaberes, 2020.

FLEITH, Denise de Souza; ALENCAR, Eunice M. L. Soriano. **Superdotados**: trajetórias de desenvolvimento e realizações. Curitiba: Juruá, 2014.

FJERNTHAV, Vann. **El inframundo del no lo veo (antología del disparate sobre superdotación)**. Respuestas. Amazon.com. Edición en Español, 2019.

FOUSSIER, Valérie. **Adultes surdoués**: cadeau ou fardeau? Paris, FR: Éditions J. Lyon, 2017.

GOULD, Stephen Jay. **A falsa medida do homem**. São Paulo: Martins Fontes, 2014.

GOLDSTEIN, Sam; PRINCIOTTA, Dana; NAGLIERI, Jack A. **Handbook of intelligence**: evolutionary theory, historical perspective, and current concepts. Springer, 2015.

GUENTHER, Zenita C. Quem são os alunos dotados? Reconhecer dotação e talento na escola. *In*: MOREIRA, Laura Ceretta; STOLTZ, Tania (eds.). **Altas habilidades**: superdotação, talento, dotação e educação. Curitiba: Juruá, 2012. p. 63-83.

HERTAN, Charles. **Strike like Judit!**: the winning tactics of chess legend Judit Polgar. Alkmaar, NL: New in Chess, 2018.

KARLGAARD, Rich. **Antes tarde do que nunca**: o poder da paciência em um mundo obcecado pelo sucesso precoce. São Paulo: nVersos, 2020. p. 54 (livro digital).

KASPAROV, Garry. **Xeque-mate**: a vida é um jogo de xadrez. Rio de Janeiro: Campus-Elsevier, 2007.

LANDAU, Erika. **A coragem de ser superdotado**. 2. ed. São Paulo: Arte & Ciência, 2002.

LEMANN, Nicholas. **The big test**: the secret history of the American meritocracy. New York, USA: Farrar, Straus & Giroux, 1999.

LUSTOSA, Ana Valéria Marques Fortes. Desenvolvimento moral do aluno com altas habilidades. *In*: FLEITH, Denise de Souza; ALENCAR, Eunice M. L. Soriano de (org.). **Desenvolvimento de talentos e altas habilidades**: orientação a pais e professores. Porto Alegre: Artmed, 2007.

METTRAU, Marsyl Bulkool. **O funcionamento inteligente de adultos com altas habilidades**. Curitiba: Prismas; Appris, 2013.

MILLÊTRE, Béatrice. **Pequeno guia para pessoas inteligentes que não estão dando certo**. Tradução de Helena Carvalho Borja. Rio de Janeiro: Guarda--Chuva, 2008.

MOREIRA, Laura Ceretta; STOLTZ, Tania (eds.). **Altas habilidades**: superdotação, talento, dotação e educação. Curitiba: Juruá, 2012.

PÉREZ, Susana Graciela Pérez Barrera. **Personas con altas habilidades/superdotación**: ser o no ser? Guarapuava: Apprehendere, 2018.

PÉREZ, Susana Garcia Pérez Barrera; FREITAS, Soraya Napoleão. **Manual de identificação de altas habilidades/superdotação**. Guarapuava: Apprehendere, 2016.

PRIGNON, Sophie. **Sur le chemin du bien-être**. Lausanne, CH: Cabinet Hi-Mind, 2016.

RONDINI, Carina Alexandra; REIS, Verônica Lima (orgs.). **Altas habilidades/ superdotação**: instrumentos para identificação e atendimento do estudante dentro e fora da sala de aula comum. Curitiba: CRV, 2021.

SILVERMAN, Linda Kreger. **Giftedness 101**. New York, USA: Springer Publishing Company, 2012.

SABATELLA, Maria Lúcia. **Talento e superdotação**: problema ou solução. Curitiba: Intersaberes, 2013.

SCHRÖEDER, Christine da Silva. **A diversidade invisível**: as pessoas AH/SD e a vida profissional. Livro 1: primeiros olhares. Brasil: Amazon Publishing, 2020.

SIAUD-FACCHIN, Jeanne. **Demasiado inteligente para ser feliz?** Las dificultades del adulto superdotado en la vida cotidiana. Barcelona: Editorial Planeta, 2014.

SINGER, Judy. Why can't you be normal for once in your life? From a "problem with no name" to the emergence of a new category of difference. *In*: CORKER, M.; FRENCH, S. (orgs.). **Disability discourse Buckingham**. Philadelphia: Open University Press, 1999.

STEPHENS-DAVIDOWITZ, Seth. **Todo mundo mente**: o que a internet e os dados dizem sobre quem realmente somos. Rio de Janeiro: Alta Books, 2018. p. 154.

TINOCO, Carlos; GIANOLA, Sandrine; BLASCO, Phillip. **Les surdoués et les autres**: penser l'écart. Paris, FR: JC Lattès, 2018.

TINOCO, Carlos. **Intelligents, trop intelligents**. Paris, FR: JC Lattès, 2014.

TEPERMAN, Joseph. **Anticarreira**: o futuro do trabalho, o fim do emprego e do desemprego. Como crescer com propósito e entusiasmo pela vida inteira. São Paulo: Inniti, 2019.

VIRGOLIM, Angela (org.). **Altas habilidades/superdotação**: processos criativos, afetivos e desenvolvimento de potenciais. Curitiba: Juruá, 2018.

ESTUDOS/ARTIGOS

ALCANTARA, Brenda Derbli. Inclusão de alunos com Altas Habilidades/ Superdotação na Educação Infantil. **Revista Científica Multidisciplinar Núcleo do Conhecimento**, Ano 5, ed. 6, v. 6, p. 5-25. jun. 2020. Disponível em: https://www.nucleodoconhecimento.com.br/educacao/inclusao-de-alunos

ANDRÉS, Aparecida. **Educação de alunos superdotados/altas habilidades**: legislação e normas nacionais: legislação internacional, América do Norte (EUA e Canadá), América Latina (Argentina, Chile e Peru), União Europeia (Alemanha, Espanha, Finlândia, França), Câmara dos Deputados, Consultoria Legislativa, 2010. Disponível em: https://bd.camara.leg.br/bd/handle/bdcamara/3202

ARAÚJO, Carla. Helena Antipoff, uma abordagem pioneira na Educação Especial no Brasil. **MultiRio**, 25 mar. 2019. Disponível em: http://www.multirio.rj.gov.br/index.php/leia/reportagens-artigos/reportagens/14827-helena-antipoff,-uma-abordagem-pioneira-na-educa%C3%A7%C3%A3o-especial-no-brasil

BÉLANGER, Jean; GAGNÉ, Françoys. Estimating the size of the gifted/talented population from multiple identification criteria. **Journal for the Education of the Gifted**, v. 30, n. 2, 2006, p. 131-163. Disponível em: https://files.eric.ed.gov/fulltext/EJ750766.pdf

DELOU, Cristina Maria Carvalho. **Lista Base de Indicadores de Superdotação**: parâmetros para observação de alunos em sala de aula. Disponível em: http://paaahsd.uff.br/wp-content/uploads/sites/388/2021/02/LBISD_2015.pdf

DIAMOND, Marian C.; SCHEIBEL, Arnold B.; MURPHY JR., Greer M.; HARVEY, Thomas. On the brain of a scientist: Albert Einstein. **Experimental Neurology**, v. 88, Issue 1, p. 198-204, abr. 1985. Disponível em: https://doi.org/10.1016/0014-4886(85)90123-2

FLEITH, Denise de Souza. Criatividade e altas habilidades/superdotação. **Revista de Educação Especial**, n. 28, s/p. 2006. Disponível em: https://periodicos.ufsm.br/educacaoespecial/article/view/4287/2531

FLEITH, Denise de Souza (org.). **A construção de práticas educacionais para alunos com altas habilidades/superdotação**. Ministério da Educação Secretaria de Educação Especial, Brasília, 2007. Disponível em: http://portal.mec.gov.br/seesp/arquivos/pdf/altashab2.pdf

FORTES, Caroline Corrêa; FREITAS, Soraia Napoleão. PIT – Programa de Incentivo ao Talento: um relato das experiências pedagógicas realizadas com alunos com características de altas habilidades. **Revista Educação Especial**, n. 29, 2007, Universidade Federal de Santa Maria (UFSM). Disponível em: https://periodicos.ufsm.br/educacaoespecial/article/view/4181

GARDNER, Howard. "Multiple intelligences" are not "learning styles". **The Washington Post**, 2013. Disponível em: https://www.washingtonpost.com/news/answer-sheet/wp/2013/10/16/howard-gardner-multiple-intelligences-are-not-learning-styles/

GUENTHER, Zenita C. Metodologia Cedet: caminhos para desenvolver potencial e talento. **Polyphonía**, v. 22, n. 1, jan./jun. 2011. Disponível em: http://ead.bauru.sp.gov.br/efront/www/content/lessons/35/TEXTO%203.pdf

HEYLIGHEN, Francis. **Gifted people and their problems**. Disponível em: http://pespmc1.vub.ac.be/Papers/GiftedProblems.pdfhttp://pcp.vub.ac.be/HEYL.html

HOLETZ, Melissa Samanta. **Superdotação**: um olhar psicopedagógico. 2004. Monografia (Especialização em Psicopedagogia) – Faculdades Integradas Maria Thereza, Niterói, 2004. Disponível em: http://www.psicopedagogia.com.br/artigos/artigo.asp?entrID=569

KOZA, Patricia. Sisters test male domination of chess. Jornal **The Mohave Daily Miner**, Arizona, EUA, p. B2, 9 nov. 1986. Disponível em: https://www.upi.com/Archives/1986/11/09/Sisters-test-male-domination-of-chess/2355531896400/

LAZANHA, Tainara Rodrigues *et al.* **A importância da autoestima e autoimagem no desenvolvimento humano**: análise de produção científica. 2016. Trabalho produzido para o 16º Congresso Nacional de Iniciação Científica – CONIC-SEMESP. Disponível em: http://conic-semesp.org.br/anais/files/2016/trabalho-1000022894.pdf

LEMANN, Nicholas. The great sorting. **The Atlantic**, v. 276, n. 3, p. 84-100, sep. 1995. Disponível em: https://www.theatlantic.com/magazine/archive/1995/09/the-great-sorting/376451/

LIDZ, Franz. Kid with a killer game. **Sports Illustrated**, v. 72, n. 6, 12 fev. 1990.

MARLAND JR., Sidney P. **Education of the gifted and talented**: report to the congress of the United States by the U.S. commissioner of education and background papers submitted to the U.S. office of education. 2 v. Washington, DC: U.S. Government Printing Office, 1972. (Government Documents Y4.L 11/2: G36). Um pequeno trecho desse documento está disponível online: https://www.valdosta.edu/colleges/education/human-services/document%20/marland-report.pdf

MARTINS, Bárbara Amaral. **Alunos precoces com indicadores de altas habilidades/superdotação no Ensino Fundamental I**: identificação e situações (des)favorecedoras em sala de aula. Universidade Estatual Paulista

(Unesp), Marília, 2013. Disponível em: https://repositorio.unesp.br/bitstream/handle/11449/91210/000735590.pdf?sequence=1&isAllowed=y

MATOS, Brenda Cavalcante; MACIEL, Carina Elisabeth. Políticas educacionais do Brasil e Estados Unidos para o atendimento de alunos com altas habilidades/superdotação (AH/SD). Ensaio. **Revista Brasileira de Educação Especial**, v. 22, n. 2, abr./jun. 2016. Disponível em: https://www.scielo.br/j/rbee/a/fQNXk3Fh89jWWL9CrdZXz4F/?lang=pt

MESSAS, Guilherme Peres. A participação da genética nas dependências químicas. **Braz. J. Psychiatry**, v. 21, suppl 2, out. 1999. Disponível em: https://doi.org/10.1590/S1516-44461999000600010

MOSQUERA, Juan José Mouriño; STOBÄUS, Claus Dieter. Auto-imagem, auto-estima e auto-realização: qualidade de vida na universidade. **Psicologia, Saúde & Doenças**, Lisboa, v. 7, n. 1, 2006. Disponível em: http://www.scielo.mec.pt/scielo.php?script=sci_arttext&pid=S1645-00862006000100006&lng=pt&tlng=pt

OLIVEIRA, Juliana Célia; BARBOSA, Altemir José Gonçalves; ALENCAR, Eunice M. L. Soriano. Contribuições da teoria da desintegração positiva para a área de superdotação. Psicologia Escolar e Desenvolvimento. **Psicologia: Teoria e Pesquisa**, v. 33, p. 1-9, 2017. Disponível em: https://www.scielo.br/j/ptp/a/mmVxpcHKnbZhcY6mh6JKFwL/?lang=pt&format=pdf

OLIVEIRA, Roseli Figueiredo Corrêa de; MANI, Eliane Morais Jesus, MASSUDA, Mayra Berto; RANGNI, Rosimeire. **Os instrumentos e a identificação de dotação e talento**: um diálogo possível? Trabalho apresentado no Congresso Brasileiro de Educação Especial, em São Carlos/SP, nov. 2014. Disponível em: https://www.researchgate.net/publication/300333367_Os_instrumentos_e_a_identificacao_de_dotacao_e_talento_um_dialogo_possivel

PÉREZ, Susana Graciela Pérez Barrera. Mitos e crenças sobre as pessoas com altas habilidades: alguns aspectos que dificultam seu entendimento. **Revista Educação Especial**, UFSM, n. 22, 2003. Disponível em: https://periodicos.ufsm.br/educacaoespecial

PÉREZ, Susana Graciela Pérez Barrera. **Ser ou não ser, eis a questão**: o processo de construção da identidade na pessoa com altas habilidades/superdotação adulta. 2008. 230 f. Tese (Doutorado em Educação) – Pontifícia Universidade Católica do Rio Grande do Sul, Porto Alegre, 2008. Disponível em: http://tede2.pucrs.br/tede2/handle/tede/3567

PÉREZ, Susana Graciela Pérez Barrera; FREITAS, Soraia Napoleão. A mulher com altas habilidades/superdotação: à procura de uma identidade. **Revista Brasileira de Educação Especial**, Marília, v. 18, n. 4, p. 677-694, out./dez. 2012. Disponível em: https://www.scielo.br/j/rbee/a/qCDKrWPRqGSnZSsyRtxCCvm/?lang=pt

PÉREZ, Susana Graciela Pérez Barrera; FREITAS, Soraia Napoleão. **Estado do conhecimento na área de altas habilidades/superdotação no Brasil**: uma análise das últimas décadas. Trabalho apresentado na 32ª Reunião Anual da Associação Nacional de Pós-Graduação e Pesquisa em Educação (ANPEd), em Caxambu/MG, no período de 4 a 7 de outubro de 2009. Disponível em: http://32reuniao.anped.org.br/arquivos/trabalhos/GT15-5514--Int.pdf

PINHEIRO, Leandro da Nóbrega. Invisibilidade dos estudantes com características de altas habilidades/superdotação, na realidade educacional brasileira, com base em suas perspectivas. **Revista da USP**, Cadernos CERU, Série 2, v. 31, n. 2, dez. 2020. Disponível em: https://www.revistas.usp.br/ceru/article/view/191630/176576

RENZULLI, Joseph S. Myth: The gifted constitutes 3-5% of the population. Dear Mr. and Mrs. Copernicus: We regret to inform you... *In*: REIS, S. M. (org. serie); RENZULLI, Joseph S. (org. vol.). **Essential Reading in Gifted Education**: Identification of students for gifted and talented programs. v. 2, p. 63-70. Thousand Oaks, CA: Corwin Press & The National Association for Gifted Children, 2004b.

RENZULLI, Joseph. Artigo original: What is this thing called giftedness, and how do we develop it? A twenty-five year perspective. **Journal for the Education of the Gifted**, v. 23, n. 1, p. 3-54, 1999. Tradução: "O que é esta coisa chamada superdotação, e como a desenvolvemos? Uma retrospectiva de vinte e cinco anos". Educação, Porto Alegre, ano XXVII, v. 1, n. 52, p. 75-131, jan./abr. 2004. Disponível em: https://www.marilia.unesp.br/Home/Extensao/papah/o-que-e-esta-coisa-chamada-superdotacao.pdf

SANTOS, Regia Vida. **Razões autistas na escola**: um espectro de saberes em uma condição singular. 2020. Tese (Doutorado em Educação) – Universidade Nove de Julho (Uninove), São Paulo, 2020. Disponível em: https://bibliotecatede.uninove.br/bitstream/tede/2165/2/Regia%20Vidal%20dos%20Santos.pdf

SCHELINI, Patrícia Waltz. Teoria das inteligências fluida e cristalizada: início e evolução. **Estudos de Psicologia**, Natal, UFRN, v. 11, n. 3, dez. 2006. Disponível em: https://www.scielo.br/j/epsic/a/BCX9HwQJpSFXjJSfVmrYDKH/?lang=pt

SILVA, Gustavo Vieira da; LIMA, Andrea de Alvarenga Lima; PINHEIRO, Nadja Nara Barbosa. Sobre os conceitos de verdadeiro self e falso self: reflexões a partir de um caso clínico. **Cadernos de Psicanálise – CPRJ**, v. 36, n. 30, Rio de Janeiro, jun. 2014. Disponível em: http://pepsic.bvsalud.org/scielo.php?script=sci_arttext&pid=S1413-62952014000100007

SMERDON, David; HU, Hairong; McLENNAN, Andrew et al. Female chess players show typical stereotype-threat effects: commentary on stafford. **Psychological Science**, v. 31, n. 6, p. 756-759, 2020. Disponível em: https://journals.sagepub.com/doi/abs/10.1177/0956797620924051?journalCode=pssa&

SPEARMAN, Charles. General intelligence, objectively determined and measured. **The American Journal of Psychology**, v. 15, n. 2, p. 201-292, abr. 1904.

VALENTIM, Bernadete Fatima Bastos; VESTENA, Carla Luciane Blum. Análise da noção de justiça em estudantes com altas habilidades/superdotação: uma contribuição educacional. **Revista de Educação Especial de Santa Maria**, v. 32, 2019. Disponível em: http://dx.doi.org/10.5902/1984686X20149 https://periodicos.ufsm.br/educacaoespecial/index

TYNG, Chai M.; AMIM, Hafeez U.; SAAD, Mohamad N. M.; MALIK, Aamir S. The influences of emotion on learning and memory. **Frontiers Psychology**, ago. 2017. Disponível em: https://www.ncbi.nlm.nih.gov/pmc/articles/PMC5573739/

URQUIZA, Jeanny Monteiro. **Representações sociais sobre altas habilidades/superdotação**: o que pensam os professores da Educação Infantil? 2020. Dissertação (Mestrado em Educação) – Programa de Pós-Graduação em Educação, área de concentração em Educação Social, Campus do Pantanal, Universidade Federal de Mato Grosso do Sul (UFMS), Corumbá, MS, 2020. Disponível em: https://ppgecpan.ufms.br/files/2021/01/Disserta%C3%A7%C3%A3o-Jeanny-Urquiza--VERS%C3%83O-FINAL.pdf

MATÉRIAS

A Construção de Práticas Educacionais para Alunos com Altas Habilidades/Superdotação, portal do Ministério da Educação (MEC), Secretaria de Educação Especial do Ministério da Educação – SEESP. Disponível em: http://portal.mec.gov.br/component/content/article/192-secretarias-112877938/seesp-esducacao-especial-2091755988/12679-a-construcao-de-praticas-educacionais-para-alunos-com-altas-habilidadessuperdotacao

Adultos com altas habilidades: quais são suas características?, **A mente é maravilhosa** - revista digital de psicologia, neurociência, desenvolvimento pessoal, cultura e bem-estar. 14 out. 2019. Disponível em: https://amenteemaravilhosa.com.br/adultos-com-altas-habilidades/

ALMEIDA, Cássia. Mulheres são maioria no setor de saúde, mas ganham 37% do salário dos homens em cargos de chefia. **O Globo**, caderno de Economia, 25 abr. 2021. Disponível em: https://oglobo.globo.com/economia/2270-mulheres-sao--maioria-no-setor-de-saude-mas-ganham-37-do-salario-dos-homens-em-cargos-de-chefia-24986629

ALMEIDA, Marina S. R. Aluno superdotado ou com altas habilidades. **Instituto Inclusão Brasil**, 29 maio 2012. Disponível em: https://institutoinclusaobrasil.com.br/aluno-superdotado-ou-com-altas-habilidades/

BLUME, Harvey. Neurodiversity. **The Atlantic**, set. 1998. Disponível em: www.theatlantic.com/magazine/archive/1998/09/neurodiversity/305909/

Centro de Atendimento Educacional Especializado CEDET – Centro para Desenvolver Potencial e Talento, Projetos da Secretaria Municipal da Educação de Assis/SP. Disponível em: https://www.educacao.assis.sp.gov.br/projeto/26/cedet

CARDOSO, Silvia Helena PhD. Por que Einstein foi um gênio? **Revista Cérebro & Mente**, 2000. Disponível em: https://cerebromente.org.br/n11/mente/eisntein/einstein-p.htm

Censo Escolar. Disponível em: http://portal.mec.gov.br/ultimas-noticias/211-218175739/84011-inep-divulga-resultados-finais-do-censo-escolar-2019

Educação inclusiva: Conheça o histórico da legislação sobre inclusão. **Todos pela Educação**, 4 mar. 2020. Disponível em: https://todospelaeducacao.org.br/noticias/conheca-o-historico-da-legislacao-sobre-educacao-inclusiva

FANTTI, Bruna. Número de superdotados cresce 17 vezes em 14 anos nas escolas do país. **Folha de S. Paulo**, Educação, 18 out. 2015. Disponível em: https://m.folha.uol.com.br/educacao/2015/10/1695370-numero-de-superdotados-cresce-17-vezes-em-14-anos-nas-escolas-do-pais.shtml

GANDRA, Alana. IBGE: mulheres somavam 52,2% da população no Brasil em 2019. **Agência Brasil**, Rio de Janeiro, 26 ago. 2021. Disponível em: https://agenciabrasil.ebc.com.br/saude/noticia/2021-08/ibge-mulheres-somavam-522-da-populacao-no-brasil-em-2019

JESUS, Bom. Veja se o seu filho tem altas habilidades, Guia dos pais. **G1**, 22 nov. 2017. Disponível em: https://g1.globo.com/pr/parana/especial-publicitario/bom-jesus/guia-dos-pais/noticia/veja-se-o-seu-filho-tem-altas-habilidades.ghtml?fbclid=IwAR2OC4amp_Hen9kGprC7YDjgRFGqAk_uwF4NNLWl0QMR09H7a8v5KgjeBkc

HARTSTON, William. A man with a talent for creating genius: William Hartston meets Laszlo Polgar, the father of three world-class chess players. Jornal inglês **The Independent**, 12 jan. 1993. Disponível em: https://www.independent.co.uk/life-style/a-man-with-a-talent-for-creating-genius-william-hartston-meets-laszlo-polgar-the-father-of-three-worldclass-chess-players-1478062.html

MARTINS, Maria Priscila. Os mitos e verdades sobre as crianças superdotadas. **Folha de Pernambuco**, 25 ago. 2019. Disponível em: https://www.folhape.com.br/noticias/os-mitos-e-verdades-sobre-as-criancas-superdotadas/114492/

MAASS, Anne; D'ETTOLE, Claudio; CADINU, Mara. Checkmate? The role of gender stereotypes in the ultimate intellectual sport. **European Journal of Social Psychology**, 2007. Disponível em: https://onlinelibrary.wiley.com/doi/abs/10.1002/ejsp.440

Ministério investe R$ 2 milhões no apoio a superdotados, site Ministério da Educação, 25 jan. 2006. Disponível em: http://portal.mec.gov.br/busca-geral/205-noticias/1349433645/5403-sp-742167174

OLIVEIRA, Nielmar. Mulher ganha em média 79,5% do salário do homem, diz IBGE. **Agência Brasil**, Rio de Janeiro, publicado em 8 mar. 2019. Disponível em: https://agenciabrasil.ebc.com.br/economia/noticia/2019-03/mulheres-brasileiras-ainda-ganham-menos-que-os-homens-diz-ibge

OHIMA, Flávia Yuri. O Brasil desperdiça seus talentos. **Revista Época**, 12 fev. 2016. Disponível em: http://epoca.globo.com/vida/noticia/2016/02/o-brasil-desperdica-seus-talentos.html

OSHIMA, Flávia Yuri. O que a história de dois superdotados revela sobre o Brasil. **Revista Época**, 19 fev. 2016. Disponível em: https://epoca.oglobo.globo.com/vida/noticia/2016/02/o-que-historia-de-dois-superdotados-revela-sobre-o-brasil.html

OSHIMA, Flávia Yuri. Zenita Guenther: 'Nenhuma criança deve ser comparada a outras'. **Revista Época**, 19 fev. 2016. Disponível em: https://epoca.oglobo.globo.com/vida/noticia/2016/02/zenita-guenther-nenhuma-crianca-deve-ser-comparada-outras.html

O superdotado em sala de aula. **Mãe de Criança Superdotada**, 25 nov. 2012 (Trechos extraídos do site: http://www.psicopedagogia.com.br/artigos/artigo.asp?entrID=569). Disponível em: https://maedecriancassuperdotadas.blogspot.com/2012/11/o-superdotado-em-sala-de-aula.html

PESSOA, Paula. Decolar conta com participação de mais de 220 alunos. Secretaria de Educação e Cidadania, Prefeitura de São José dos Campos/SP, 14 jul. 2021. Disponível em: https://www.sjc.sp.gov.br/noticias/2021/julho/14/decolar-conta-com-participacao-de-mais-de-220-alunos/

Política Nacional de Educação Especial na Perspectiva da Educação Inclusiva. Ministério da Educação e Secretaria de Educação Continuada, Alfabetização, Diversidade e Inclusão (MEC/SECADI), Brasil, 2008. Disponível em: http://portal.mec.gov.br/index.php?option=com_docman&view=download&alias=16690-politica-nacional-de-educacao-especial-na-perspectiva-da-educacao-inclusiva-05122014&Itemid=30192

POMAR, Marcelo. Mulheres e homens no xadrez: esmagando estereótipos. Site **Xadrez Brasil**, 5 ago. 2014. Disponível em: https://xadrezdobrasil.com/2014/08/05/mulheres-e-homens-no-xadrez-esmagando-estereotipos

QUINTRELL, Bob. Entrevista a Bobby Fischer. TV **CBC** (Canadian Broadcast Corporation), 1963. Disponível em: https://twitter.com/chess24com/status/969232195243200518

SHORT, Nigel. Vive la Différence – the full story. Revista **New In Chess**, 22 de abril de 2015. Texto publicado na íntegra na versão digital da revista New In Chess. Disponível em: https://en.chessbase.com/post/vive-la-diffrence-the-full-story

Síndrome de Burnout: o que é, quais as causas, sintomas e como tratar. Ministério da Saúde. Disponível em: https://antigo.saude.gov.br/saude-de-a-z/saude-mental/sindrome-de-burnout

SMERDON, David. What's behind the gender imbalance in top-level chess? **The Conversation**, dez. 2020. Disponível em: https://theconversation.com/whats-behind-the-gender-imbalance-in-top-level-chess-150637

Superdotação: entenda como funciona o diagnóstico de crianças com altas habilidades. **Jornal Edição do Brasil**, 31 jul. 2020, Destaques, Saúde e Vida. Disponível em: http://edicaodobrasil.com.br/2020/07/31/superdotacao-entenda-como-funciona-o-diagnostico-de-criancas-com-altas-habilidades/

Superdotados têm política de inclusão, site Ministério da Educação, 22 fev. 2006 http://portal.mec.gov.br/ultimas-noticias/205-1349433645/5623-sp-850298013

The Hechinger Report. Disponível em: https://hechingerreport.org/up-to-3-6-million-students-should-be-labeled-gifted-but-arent/ https://hechingerreport.org/ending-racial-inequality-in-gifted-education/

WEINBERG, Monica. Superdotados, mas carentes de atenção. **Revista Veja**, n. 1892, 16 fev. 2005.

LEIS E DECRETOS

Lei nº 5.692, de 11 de agosto de 1971, fixa Diretrizes e Bases para o ensino de 1° e 2º graus, e dá outras providências. Disponível em: https://www2.camara.leg.br/legin/fed/lei/1970-1979/lei-5692-11-agosto-1971-357752-publicacaooriginal-1-pl.html

Lei nº 9.394, de 20 de dezembro de 1996, estabelece as diretrizes e bases da educação nacional. Artigo 59. Disponível em: http://www.planalto.gov.br/ccivil_03/leis/l9394.htm

Lei nº 10.172, de 9 de janeiro de 2001, aprova o Plano Nacional de Educação e dá outras providências. Disponível em: http://www.planalto.gov.br/ccivil_03/leis/leis_2001/l10172.htm

Resolução CNE/CP 1, de 18 de fevereiro de 2002. Artigo 6, parágrafo 3º. Disponível em: http://portal.mec.gov.br/cne/arquivos/pdf/rcp01_02.pdf

Política Nacional de Educação Especial na Perspectiva da Educação Inclusiva (BRASIL, 2008). Disponível em: http://portal.mec.gov.br/index.php?option=com_docman&view=download&alias=16690-politica-nacional-de-educacao-especial-na-perspectiva-da-educacao-inclusiva-05122014&Itemid=30192

Decreto nº 7.611, de 17 de novembro de 2011, onde se pode ver pela primeira vez o termo com conjunção: "altas habilidades ou superdotação". Disponível em: http://www.planalto.gov.br/ccivil_03/_ato2011-2014/2011/decreto/d7611.htm

Lei nº 13.005, de 25 de junho de 2014, aprova o Plano Nacional de Educação - PNE e dá outras providências. Anexo - Meta 4. Outras estratégias que também atendem os superdotados: 1.11; 6.8; 10.11 e 12.5. Disponível em: http://www.planalto.gov.br/ccivil_03/_ato2011-2014/2014/lei/l13005.htm

Lei nº 13.234, de 29 de dezembro de 2015, que já reflete o impacto da mudança de conjunção na Lei de Diretrizes e Bases (Lei Nº 9.394, de 20 de dezembro de 1996). Disponível em: http://www.planalto.gov.br/ccivil_03/_ato2015-2018/2015/lei/l13234.htm

Regulamentação do Sistema de Avaliação de Testes Psicológicos - SATEPSI (Resolução nº 9, de 25 de abril de 2018). Disponível em: https://www.in.gov.br/en/web/dou/-/resolucao-n-9-de-25-de-abril-de-2018-12526419
Estabelece diretrizes para a realização de Avaliação Psicológica no exercício profissional da psicóloga e do psicólogo, regulamenta o Sistema de Avaliação de Testes Psicológicos - SATEPSI e revoga as Resoluções n° 002/2003, nº 006/2004 e n° 005/2012 e Notas Técnicas n° 01/2017 e 02/2017.

PODCASTS

Podcast Radiolab - "G", a minissérie da Radiolab sobre inteligência
https://radiolab.org/podcast/g-unfit
https://www.wnycstudios.org/podcasts/radiolab/articles/g-unfit (transcrição)
https://radiolab.org/podcast/g-relative-genius
https://radiolab.org/podcast/g-problem-space

Altas Conversas Altas Habilidades - Denise Arantes-Brero
https://open.spotify.com/show/7ezKPCgbF88bAMEXWs3iHP

WEBSITES

Assessoria Cultural e Educacional no Resgate a Talentos Acadêmicos
http://www.acerta.etc.br/index.htm

Associação Brasiliense para Altas Habilidades e Superdotação
https://www.abrahsd.org/

Associação Gaúcha de Apoio às Altas Habilidades/Superdotação.
www.agaahsd.com.br

Associação Nacional para Estudo e Intervenção na Sobredotação - Portugal
www.aneis.org

Associação Paulista para Altas Habilidades/Superdotação – APAHSD
https://apahsd.org.br/

Association Suisse pour les adolescents et les adultes surdoués – ASAAS
https://asaas.ch/

Association Québécoise pour la Douance (Canadá)
https://www.aqdouance.org/

Cabinet Hi-Mind
https://cabinet-himind.ch/

Centro para Desenvolvimento do Potencial e Talento – CEDET
http://aspatlavras.blogspot.com/

Conselho Brasileiro para a Superdotação – ConBraSD
https://conbrasd.org/

Denise Arantes-Brero
https://www.denisearantesbrero.com.br/

Educação de Superdotados
https://www.educacaodesuperdotados.com/

Fundação Helena Antipoff
http://fha.mg.gov.br/pagina/memorial/helena-antipoff

Hablando en confianza
http://soniahablandoenconfianza.blogspot.com/

Institute for the Study of the Neurologically Typical – ISNT
Criado na década de 1990, pelo sueco Erik Engdahl, portador de autismo
https://erikengdahl.se/autism/isnt/

Instituto Alpha Lumen
https://alphalumen.org.br/

Instituto Brasileiro de Geografia e Estatística – IBGE, consultado em agosto de 2021
https://www.ibge.gov.br/
https://www.ibge.gov.br/apps/populacao/projecao/index.html?utm_source=portal&utm_medium=popclock&utm_campaign=novo_popclock

Instituto Inclusão Brasil
www.institutoinclusaobrasil.com.br
https://www.facebook.com/InstitutoInclusaoBrasil/

Instituto Itard
https://institutoitard.com.br/

Instituto Ponte
https://www.institutoponte.org.br/

Instituto para Otimização da Aprendizagem – INODAP
http://www.inodap.org.br/

Instituto Rogerio Steinberg
http://www.irs.org.br/

Instituto Social para Motivar, Apoiar e Reconhecer Talentos – Ismart
https://www.ismart.org.br/

Instituto Virgolim para Altas Habilidades e Superdotação
www.institutovirgolim.com.br/

International Chess Federation – FIDE
https://ratings.fide.com/

Judit Polgár – Site oficial da enxadrista húngara
https://polgarjudit.hu/

Karina Paludo
https://www.facebook.com/karina.paludo.oficial/

Mãe de Crianças Superdotadas, criado por Claudia Hakim
https://maedecriancassuperdotadas.blogspot.com

Mensa – Maior e mais antiga sociedade de Alto QI do mundo
https://mensa.org.br/
https://www.mensa.org/

National Association for Gifted Children – NAGC (EUA)
https://www.nagc.org/

Núcleo Paulista de Atenção à Superdotação – NPAS
https://www.npas.com.br

Patricia Neumann
https://ahsdtdp.wixsite.com/meusite

Programa de Atenção ao Aluno Precoce com Comportamento de Superdotação – PAPCS, da Faculdade de Filosofia e Ciência da Universidade Estadual Paulista – Campus de Marília
https://www.marilia.unesp.br/#!/papahs

Projeto Decolar
https://www.sjc.sp.gov.br/noticias/2021/julho/14/decolar-conta-com-participacao-de-mais-de-220-alunos/

Projeto Head (@projetohead)
https://www.facebook.com/projetohead

Sistema de Avaliação de Testes Psicológicos – SATEPSI
https://satepsi.cfp.org.br

Sofia Polgár – Site oficial da enxadrista húngara
http://www.sofiapolgar.com/

Superdotação, Criatividade e Dupla excepcionalidade
https://www.educacaodesuperdotados.com/

Supereficiente mental
Blog criado pelo superdotado Felipe Russo, em 2013
https://supereficientemental.com/

Vida de Cebra
https://vidadecebra.jimdofree.com/

Worldometer
https://www.worldometers.info/

VÍDEOS

ARAÚJO, Carla. Helena Antipoff, uma abordagem pioneira na Educação Especial no Brasil, site da MultiRio, 25 mar. 2019. Disponível em: http://www.multirio.rj.gov.br/index.php/leia/reportagens-artigos/reportagens/14827-helena-antipoff,-uma-abordagem-pioneira-na-educa%C3%A7%C3%A3o-especial-no-brasil

CARVALHO, Barbara e OLIVEIRA, Jeniffer. GIFTED: Um documentário sobre a Superdotação, Trabalho de conclusão de curso, Uninter, Curitiba, 2019. Disponível em: https://www.youtube.com/watch?v=XQ4IVL01FkU

Eixo Articulador - Superdotação - O Talento na Escola. Vídeo da Univesp TV sobre o Programa Decolar, que vem sendo aplicado nas escolas da rede municipal de São José dos Campos, no interior de São Paulo. Disponível em: https://escolainterativa.diaadia.pr.gov.br/odas/altas-habilidades-barra-superdotacao-2

GUENTHER, Zenita. Conferência "Capacidade e Talento Humano: Expressão, origem, conceituação e desenvolvimento", no V Encontro Nacional do Conselho Brasileiro de Superdotação e Altas Habilidades (IV), 26 jul. 2012. Faculdade de Educação, Universidade Federal Fluminense. Disponível em: https://aspatlavras.blogspot.com/2021/05/capacidade-e-talento-humano-expressao.html?utm_source=feedburner&utm_medium=feed&utm_campaign=Feed%3A+Cedet-aspat+%28CEDET-ASPAT%29

OSHIMA, Flávia Yuri. Pais falam da discriminação com seus filhos superdotados, Revista Época (digital), 18 fev. 2016. Disponível em: https://epoca.oglobo.globo.com/vida/noticia/2016/02/pais-falam-da-discriminacao-com-seus-filhos-superdotados.html

Live: Adulto e Superdotado? Uma vida de descobertas com Maria Lúcia Sabatella, Denise Arantes-Brero e Vera B. Sá. Encontro realizado pelo Instituto para Otimização da Aprendizagem – Inodap. Disponível em: https://www.facebook.com/watch/live/?v=1007650823070833&ref=watch_permalink

PALUDO, Karina. *'Live'*: O universo emocional do Superdotado com Dr.ª Angela Virgolim, 24 jun. 2020. Disponível em: https://www.facebook.com/watch/live/?v=201630237734196&ref=watch_permalink

Talent Denied and Talent Lost: Challenges and Compromises of Gifted Girls and Women with Dr. Sally Reis, canal do Renzulli Center, 2022. Disponível em: https://vimeo.com/676117242?ref=em-share

YOUTUBE

Canal Cérebro em Ebulição - Lorena Rocha (@Cerebro.em.ebulicao)
https://www.youtube.com/c/C%C3%A9rebroemEbuli%C3%A7%C3%A3o/videos

Canal Psicorporificar - Psic. Daphne Queiroz (@daphnequeirozpsi)
https://www.youtube.com/channel/UCujKvpQbhcgQuo4gKjyWhJ

Canal Superdotação simples pra você - Simone Clemens
https://www.youtube.com/channel/UCHBEWVDH3kXS0xPbQvFzdEw

CURSOS/FORMAÇÃO

Afetividade e o Desenvolvimento dos Sujeitos com Altas Habilidades/Superdotação
Duração do curso: 30 dias - Curso Livre - Unoeste - EAD
http://www.unoeste.br/cursoslivres/cursos/afetividade-e-o-desenvolvimento-dos-sujeitos-com-altas-habilidadessuperdotacao-ead_1357

Altas Habilidades / Superdotação, Como identificar e acompanhar crianças, jovens e adultos – Pós-Graduação *Lato Sensu* - EAD - Genus Instituto e Sapiens Instituto de Psicologia
https://institutogenus.com.br/cursos/altas-habilidades-superdotacao

Pós-Graduação a Distância em Educação Especial / Educação Especial / Educação Inclusiva - Altas Habilidades em São Paulo - Universidade Gama Filho (480h a distância + 20h presenciais + 100h de estágio)
http://www.posugf.com.br/cursos/pos-graduacao-ead/educacao/2160-educacao-especial-educacao-inclusiva-altas-habilidades

Pós-Graduação / Área Educacional / Altas Habilidades ou Superdotação – 620 Horas – Estágio Obrigatório - Faculdade Unina (EAD)
https://unina.edu.br/curso/altas-habilidades-ou-superdotacao-620h-estagio-obrigatorio/

Pós-Graduação / Educação / Educação Especial / Educação Inclusiva – Altas Habilidades – 760 HORAS - Faculdade Futura (EAD)
https://faculdadefutura.com.br/cursos/educacao-especial-educacao-inclusiva-altas-habilidades-760-horas/

Superdotação, Altas Habilidades e Inteligências Múltiplas - A primeira pós-graduação em Superdotação, Altas Habilidades e Inteligências Múltiplas no Brasil com selo internacional - Uma parceria entre o Centro Universitário Celso Lisboa e o CBI of Miami (EAD - 100% online) - *Lato sensu*
https://www.cbiofmiami.com/ pos-superdotacao?gclid=Cj0KCQjwjPaCBh-DkARIsAISZN7S8bMLuxD4AO5RZpS_pk62lWNSo3A0tlTzCSd56QxEIn6TktPc-hD8aAr_LEALw_wcB